载人空间站及深空探测发射丛书

航天任务准时发射实战

钟文安 张俊新 朱良平 陈少将 朱晓乐 ▸编著

国防工业出版社
·北京·

内 容 简 介

本书围绕航天发射场执行运载火箭准时发射任务，从发射窗口的确定，各系统对准时发射的制约因素，到准时发射的相关策略的制定，阐述了航天任务准时发射的方方面面，特别是根据航天任务执行的经验，提出了典型的射前故障处置策略，包括基本原则、处置的基础理论知识和使用方法。全书内容共分为8章，分别是绪论、系统协同与最低条件、准时发射策略、运载火箭电气系统典型故障处置策略、运载火箭动力系统典型故障处置策略、发射场系统典型故障处置策略、气象环境要素处置策略及综合实战案例。

本书可供从事航天测试发射任务的工程技术人员使用和参考，对从事航天任务的管理人员也有重要的参考价值。

图书在版编目（CIP）数据

航天任务准时发射实战 / 钟文安等编著 . —北京：国防工业出版社，2024.5
ISBN 978-7-118-13149-9

Ⅰ. ①航… Ⅱ. ①钟… Ⅲ. ①航天器发射 Ⅳ. ①V525

中国国家版本馆 CIP 数据核字（2024）第 069242 号

※

*国防工业出版社*出版发行
（北京市海淀区紫竹院南路 23 号　邮政编码 100048）
雅迪云印（天津）科技有限公司印刷
新华书店经售

*

开本 710×1000　1/16　印张 16¾　字数 298 千字
2024 年 5 月第 1 版第 1 次印刷　印数 1—1500 册　定价 138.00 元

（本书如有印装错误，我社负责调换）

| 国防书店：(010) 88540777 | 书店传真：(010) 88540776 |
| 发行业务：(010) 88540717 | 发行传真：(010) 88540762 |

前言

航天发射场是运载火箭起飞前的最后一站,也是人类向更远空间进发的交通枢纽,准时、安全、可靠发射是航天发射场建设和能力提升的最终目标。准时发射受到诸多因素的制约,而在具体的实战执行层面,在应对各种不同的技术问题时,科学的"风险"决策至关重要。这种决策往往依赖于有经验的决策者的科学判断和统筹,从而更像是一门指挥的艺术。

本书立足于工程实践,探讨准时发射的科学内涵,以及实现准时发射的具体策略。从系统工程的角度,或许若干年前的某项决策,对于某日具体的点火发射确实产生了一定的影响,但从实践角度,我们更希望深入讨论在发射日当天的加注发射程序中,如果出现应急情况,该如何确保准时发射,也就是"实战"的含义所在。

本书内容共分为8章,第1章阐述了航天发射任务发射窗口的科学内涵,讨论了影响窗口制定的技术因素,明确了准时发射所需遵循的基本逻辑,即需要各系统在发射窗口内达到最低发射条件,进而执行火箭点火发射。第2章介绍了参与准时发射的主要系统,以及各系统的最低发射条件。第3章介绍了准时发射策略制定的主要影响因素,包括准时发射的流程设计、决策者指挥决策的判断依据、组织指挥模式、辅助决策、射前预案制定的一般策略和处置原则。第4章介绍运载火箭电气系统典型故障处置策略,主要包括漏电、箭上液位相关故障、转电故障、紧急关机故障、电气系统箭上关键单机故障等。第5章介绍运载火箭动力系统典型故障处置策略,主要包括发动机部件故障、增压输送系统故障、发动机预冷异常、连接器故障、蓄压器故障、煤油抽真空系统故障等。第6章介绍发射场系统典型故障处置策略,主要包括加注系统关键设备故障、推进剂泄漏、推进剂加注量异常、加注供气系统多余物故障、摆杆故障、工作平台无法撤收等。第 7 章介绍气象环境要素处置策略，主要包括应对降雨、雷电、浅层风、高空风、台风等情况。第 8 章介绍了 2 个综合实战案例，分别为我国长征五号运载火箭和美国 SLS 火箭首飞任务的射前应急处置情况。

  本书由钟文安、张俊新统稿，其中第 1~2 章由钟文安、张俊新、朱良平撰写，第 3~4 章由张俊新撰写，第 5 章由张俊新、朱晓乐撰写，第 6 章由陈少将、张俊新撰写，第 7 章由钟文安、张俊新撰写。此外，胡鹏、宋玉林参与了部分原稿撰写和插图编绘等工作，在此一并表示感谢。

  由于作者水平有限，书中存在的不妥之处，敬请读者批评指正。

作者

2023 年 9 月

于文昌航天发射场

目录

第1章 绪论 //001
第1节 发射窗口的含义与分类 //003
第2节 发射窗口的确定 //006
第3节 宽窗口发射 //013
第4节 窄窗口发射 //018
第5节 零窗口发射 //023
参考文献 //026

第2章 系统协同与最低条件 //029
第1节 运载火箭系统最低发射条件 //032
    1 箭体结构条件 //032
    2 动力系统条件 //036
    3 电气系统条件 //043
    4 发射支持系统条件 //049
第2节 航天器系统最低发射条件 //051
    1 飞行动力条件 //051
    2 供电温控条件 //053
    3 有效载荷条件 //054
第3节 发射场系统最低发射条件 //057
    1 加注供气条件 //059
    2 勤务保障条件 //060
第4节 测控通信系统最低发射条件 //063
    1 关键信息测量和处理设备条件 //064

    2 安控设备条件 ……………………………………… //065
    3 通信链路条件 ……………………………………… //066
  第5节 气象环境最低发射条件 ………………………………… //066
    1 降水量与大气电场 ………………………………… //066
    2 浅层风 ……………………………………………… //069
    3 高空风 ……………………………………………… //069
    4 其他气象条件 ……………………………………… //070
  第6节 其他最低发射条件 ……………………………………… //071
    1 空间环境 …………………………………………… //071
    2 首区航区安全 ……………………………………… //074
    3 电磁频谱 …………………………………………… //075
  参考文献 …………………………………………………………… //077

第3章　准时发射策略 ……………………………………… //079

  第1节 准时发射流程设计 ……………………………………… //081
    1 运载火箭加注发射基本流程 ……………………… //081
    2 射前程序的阶段控制 ……………………………… //085
    3 主动时间余量设置 ………………………………… //088
    4 安全恢复点设置 …………………………………… //089
  第2节 指挥决策 ………………………………………………… //091
    1 指挥决策的特点 …………………………………… //091
    2 指挥决策的判断依据 ……………………………… //095
    3 组织指挥模式 ……………………………………… //097
    4 辅助决策 …………………………………………… //100
  第3节 预案策略与处置原则 …………………………………… //102
    1 预案制定策略 ……………………………………… //102
    2 射前故障处置的一般原则 ………………………… //103
    3 允许处置时间 ……………………………………… //104
  第4节 推进剂泄回逆程序 ……………………………………… //106
    1 推进剂泄回概念与情况判断 ……………………… //106
    2 推进剂泄回的安全控制与状态要求 ……………… //107
    3 推进剂泄回程序设计 ……………………………… //109
  参考文献 …………………………………………………………… //110

第4章　运载火箭电气系统典型故障处置策略 …………… //111

  第1节 电气系统漏电 …………………………………………… //112

		1 漏电的概念 …………………………………………… //112
		2 漏电的影响 …………………………………………… //116
		3 漏电处置的一般原则和策略 ………………………… //118
		4 实战案例 ……………………………………………… //119
	第2节	箭上液位相关故障 ……………………………………… //122
		1 液位的概念 …………………………………………… //122
		2 液位故障的影响 ……………………………………… //122
		3 液位故障处置的一般原则和策略 …………………… //124
		4 实战案例 ……………………………………………… //124
	第3节	转电故障 ………………………………………………… //128
		1 转电的概念 …………………………………………… //128
		2 转电故障的影响 ……………………………………… //129
		3 转电故障处置的一般原则和策略 …………………… //130
		4 实战案例 ……………………………………………… //131
	第4节	紧急关机 ………………………………………………… //131
		1 紧急关机的概念 ……………………………………… //131
		2 紧急关机的影响 ……………………………………… //132
		3 紧急关机处置的一般原则和策略 …………………… //133
		4 实战案例 ……………………………………………… //133
	第5节	电气系统箭上关键单机故障 …………………………… //134
		1 电气系统箭上关键单机组成 ………………………… //134
		2 电气系统箭上关键单机故障处置策略 ……………… //135
		3 实战案例 ……………………………………………… //137
	第6节	电气系统地面关键单机故障 …………………………… //140
		1 电气系统地面关键单机组成 ………………………… //140
		2 电气系统地面关键单机故障处置策略 ……………… //142
		3 实战案例 ……………………………………………… //143
参考文献		………………………………………………………………… //145

第5章 运载火箭动力系统典型故障处置策略 //147

第1节	发动机部件故障 …………………………………………… //148
	1 液体火箭发动机一般系统组成 ……………………… //148
	2 液体火箭发动机部件故障处置及实战案例 ………… //150
第2节	发动机预冷异常 …………………………………………… //152
	1 发动机预冷的概念 …………………………………… //152

　　　　　2　发动机预冷种类 ·· //152
　　　　　3　预冷异常处置的一般原则和策略 ·························· //156
　　　　　4　实战案例 ··· //157
　　第3节　增压输送系统故障 ··· //160
　　　　　1　增压输送的概念 ··· //160
　　　　　2　增压输送系统分类 ·· //161
　　　　　3　增压输送系统异常的影响及处置 ························ //162
　　　　　4　实战案例 ··· //163
　　第4节　连接器故障 ··· //164
　　　　　1　动力系统连接器的概念 ···································· //164
　　　　　2　连接器故障的影响与处置 ································· //166
　　　　　3　实战案例 ··· //166
　　第5节　蓄压器故障 ··· //169
　　　　　1　蓄压器原理与作用 ·· //169
　　　　　2　蓄压器故障的影响 ·· //171
　　　　　3　蓄压器故障处置的一般原则和策略 ····················· //171
　　　　　4　实战案例 ··· //171
　　第6节　煤油抽真空系统故障 ·· //173
　　　　　1　煤油抽真空的概念 ·· //173
　　　　　2　煤油抽真空系统异常的影响 ······························ //175
　　　　　3　煤油抽真空异常处置的一般原则和策略 ··············· //175
　　　　　4　实战案例 ··· //176
　参考文献 ·· //177

第6章　发射场系统典型故障处置策略 ································ //179

　　第1节　加注系统关键设备故障 ······································· //180
　　　　　1　加注系统组成及关键设备 ································· //180
　　　　　2　加注系统关键设备故障的影响 ·························· //183
　　　　　3　加注系统关键设备故障处置的一般原则和策略 ······ //184
　　　　　4　实战案例 ··· //184
　　第2节　推进剂泄漏 ··· //188
　　　　　1　推进剂泄漏的概念 ·· //188
　　　　　2　推进剂泄漏的影响分析 ···································· //189
　　　　　3　泄漏处置的一般原则和策略 ······························ //191
　　　　　4　实战案例 ··· //194

第 3 节　推进剂加注量异常 //196
　　1　加注量异常的概念 //196
　　2　加注量异常的影响 //197
　　3　加注量异常处置的一般原则和策略 //199
　　4　实战案例 //199

第 4 节　供气系统故障 //202
　　1　供气的概念 //202
　　2　供气故障的影响 //204
　　3　供气故障处置的一般原则和策略 //204
　　4　实战案例 //205

第 5 节　加注供气系统多余物 //205
　　1　多余物的概念 //205
　　2　加注供气系统多余物的影响 //207
　　3　加注供气多余物处置的一般原则和策略 //208
　　4　实战案例 //208

第 6 节　摆杆故障 //210
　　1　摆杆的作用 //210
　　2　摆杆摆开故障的影响 //213
　　3　摆杆摆开故障处置的一般原则和策略 //214
　　4　实战案例 //214

第 7 节　工作平台故障 //215
　　1　工作平台的作用 //215
　　2　工作平台无法撤收的影响 //217
　　3　工作平台撤收故障处置的一般原则和策略 //217
　　4　实战案例 //218

第 8 节　箭体垂直度调整异常 //218
　　1　垂直度调整的概念 //218
　　2　垂直度未调整好的影响 //219
　　3　垂直度未调整好故障处置的一般原则和策略 //220
　　4　实战案例 //220

参考文献 //221

第 7 章　气象环境要素处置策略 //223

第 1 节　降水与雷电 //224
　　1　强降水和雷电对测试发射的影响 //224

    2 雷电的防护 ······ //225
    3 雷电的放行准则 ······ //226
    4 实战案例 ······ //228
  第 2 节 浅层风 ······ //230
    1 浅层风对火箭的影响 ······ //230
    2 浅层风的防护与放行准则 ······ //232
    3 实战案例 ······ //233
  第 3 节 高空风 ······ //234
    1 高空风对火箭的影响 ······ //234
    2 高空风的射前观测与评估 ······ //238
    3 实战案例 ······ //240
  第 4 节 台风 ······ //241
    1 台风的概念和生成机理 ······ //241
    2 台风对火箭测试发射的影响 ······ //241
    3 测试发射过程中应对台风策略 ······ //242
    4 实战案例 ······ //243
  参考文献 ······ //244

第 8 章 综合实战案例 //245

  案例 1：我国某型火箭任务射前应急处置 ······ //246
  案例 2：SLS 火箭首飞任务射前应急处置 ······ //251

第 1 章

绪 论

航天任务以系统庞大、极其复杂、技术密集等特点，被称为复杂巨系统工程，无论是航天器、运载器还是航天发射场，各大系统组成复杂，技术指标要求高。我国长征五号（CZ-5）运载火箭使用的零部件高达十几万个，如此庞大的系统，即使一个非常微小的元件出现故障，也可能导致整个系统无法完成预期任务目标，甚至造成重大安全事故。航天发射场是运载火箭和航天器离开地面前的最后一站，执行航天发射任务，必须确保准时发射、安全可靠、万无一失。

航天任务准时发射，指参与航天测试发射的各系统在发射窗口的范围内达到最低发射条件要求，并执行点火发射操作。从这一概念上说，发射窗口是准时发射的直接评价标准。本章对发射窗口的概念和内涵展开讨论，思维导图如图1-1所示。

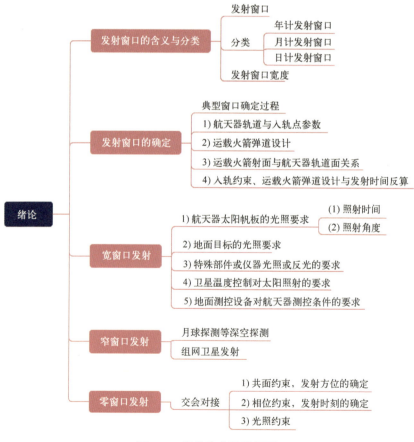

图1-1 绪论章节思维导图

第 1 节　发射窗口的含义与分类

根据《国防科技名词大典：航天》定义，发射窗口是指允许运载火箭发射航天器的时间范围，又称允许发射时段，或发射时机[1]。一般将发射窗口定义为特定的日期、时刻及其时间区间，在该区间内发射卫星能满足飞行任务的若干特定要求[2]。

发射窗口分为日计发射窗口、月计发射窗口和年计发射窗口[3-4]。日计发射窗口规定某天内从某一时刻到另一时刻可以发射；月计发射窗口规定某个月内连续某几天可以发射；年计发射窗口规定某年中允许发射的连续月数，如图 1-2 所示。

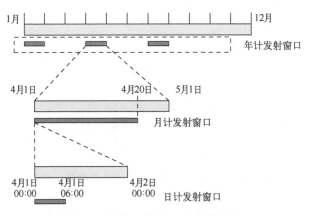

图 1-2　年计、月计、日计发射窗口

以美国阿尔忒弥斯计划第一阶段第一次任务为例，任务采用 SLS 重型运载火箭首飞执行无人环月任务，NASA 根据到达月球位置、全任务周期和运载火箭、猎户座飞船等技术限制因素，计算任务的发射窗口。从 2022 年的 8 月至 2023 年 7 月均有窗口，且每月窗口区分长任务窗口和短任务窗口，长任务窗口满足 38 至 42 天任务要求，短任务窗口满足 26 至 28 天任务要求，如图 1-3 所示。具体到其中有窗口的某一天，其窗口宽度从几分钟到 2 个小时不等。

对于一般的卫星发射，只需规定日计发射窗口；对于发射月球探测器等，通常要规定月计和日计发射窗口；对于行星际探测器或彗星探测器，则一般要同时规定年计、月计和日计发射窗口。通常，一个航天任务可以有多个发射窗口，即便如此，考虑到航天测试发射任务巨系统的运行成本，第一窗口机会仍十分宝贵，若错过，推迟到下一窗口发射则可能造成较大的经济损失。

图 1-3　阿尔忒弥斯计划第一次任务窗口示意图

以火星探测任务为例，该任务窗口期约为每 26 个月一次。这是因为地火相对距离在 0.55 亿 km 至 4 亿 km 范围内变化，仅当火星、地球、太阳在一条直线上，且地火同侧时（这一天文现象称为火星冲日，或火星大冲，如图 1-4 所示）最适宜开展火星探测。由于地球公转周期约 365.25 天，火星公转周期约 687 天，可以计算得到火星大冲的周期约 779.9 天，即约 26 个月。

事实上，不同年份火星冲日区间探火难度也不同。由于行星绕太阳运转轨迹实际上更加接近椭圆，因此最理想的状态是地球位于远日点，同时火星位于近日点，但根据对地球和火星实际运行轨道计算，这种最为理想的状态并不存在。

工程实践过程中，如果"冲"发生在这两点之间的地带，也算是比较理想了。这种较为理想的"大冲"周期约 15 年。最近的理想大冲发生在 2018 年 7 月 27 日。

2020 年的火星冲日时间是 10 月 14 日，其地火距离 6300 万 km，相比 2018

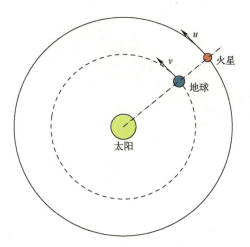

图 1-4 火星大冲示意

年的冲日距离稍远，但也算非常近的了。基于这一因素，在 2020 年 7 月这个火星探测周期到来前，美国、俄罗斯、欧空局、阿联酋及我国都计划开展各自的探火任务。最终，我国、美国和阿联酋（使用日本运载火箭发射）完成了探测器的发射，而俄罗斯与欧空局由于种种原因，错过了这个宝贵的发射窗口期。

若不能在当年的火星探测窗口内发射探测器，则再次执行探火任务需要推迟 26 个月，这种长时间推迟的代价是巨大的。不幸的是，从航天发射的历史上看，这种"昂贵"的推迟发射又是经常的，统计表明历史上航天任务推迟的概率高达 27%[5]。

实战案例

2016 年，美国，"洞察"号火星探测器发射推迟

在 2016 年的火星探测窗口前，美国计划采用宇宙神 5 火箭发射"洞察"号火星探测器，如图 1-5 所示。而在 2015 年 12 月，工程人员发现"洞察"号探测器上的一件搭载 3 个地震仪的真空容器（存在裂纹）发生了泄漏，这可能会影响仪器在火星表面的探测结果。虽然设备供应商法国国家太空研究中心（CNES）的人员夜以继日对这个仪器进行修复，但仍未在规定时间内完成归零，最终 NASA 决定推迟这次发射。

"洞察"号火星探测器推迟到 2018 年 5 月 5 日发射。NASA 发布的分析指出，"洞察"号火星探测器的预算原本为 6.75 亿美元，重新设计地震测量仪且任务推迟，导致项目成本超过了 9.93 亿美元。

➢ 实战原则：质量是生命、质量是效益

航天任务准时发射实战

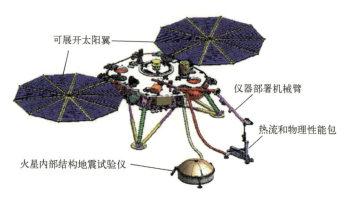

图1-5 美国"洞察"号火星探测器

质量控制是航天发射任务的生命线,是根本,是成效。事实上,测试发射除能够使产品具备发射条件外,更重要的是对产品质量、各类技术指标的测试和验证,确保没有问题,才是最大的效益。

➤ 实战原则:不带问题进场,不带隐患上天

进场关和发射关,是质量控制的关键节点。研发制造的产品,在进入发射场参加系统间测试之前,自身不能有遗留的质量问题。而产品在点火发射前,在测试过程中发现的各类隐患也必须科学处置,确保不留任何疑点。

对于日计发射窗口,其范围大小也称为发射窗口的宽度。窗口宽度有宽有窄,宽的以小时计,窄的只有几秒。工程上根据日计窗口宽度时间长短,将发射窗口进一步分为"宽窗口"、"窄窗口"和"零窗口"等类别。一般将发射窗口宽度大于30min的称为宽窗口发射,将窗口宽度在30min以内的称为窄窗口发射,将窗口宽度仅有几秒的称为零窗口发射。

第2节 发射窗口的确定

运载火箭点火起飞,飞行,航天器与运载火箭分离并入轨,是一个连续过程:起飞时刻,火箭与航天器在发射点;飞行过程由运载火箭弹道设计确定;入轨点,需要满足航天器轨道参数和功能实现的各种要求。因此,若要满足航天器入轨的要求,就需限制火箭点火起飞的时刻,即限制发射窗口。发射窗口,就是对火箭和航天器在发射点的起飞时间的约束,而最终的目标是实现航天器精确入轨。因此,发射窗口最初由航天器根据工程目标的轨道约束提出,再根据所选定的运载火箭弹道设计进行反推计算,典型窗口确定过程如图1-6所示。

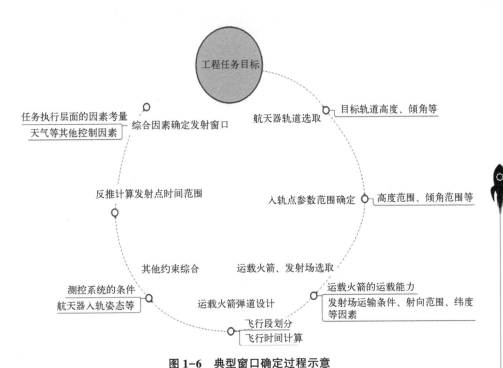

图 1-6 典型窗口确定过程示意

在工程上,通过这一反算过程中的各类限制因素筛选,一步一步筛选出满足条件的所有发射窗口。

1) 航天器轨道与入轨点参数

航天器的轨道由任务目标决定,特定的航天器,均有其使命轨道,或称标称轨道。

如对于近地轨道的我国空间站,其轨道为近地轨道(LEO);对于有定点需求的通信卫星,其轨道为地球静止轨道(GEO)(高轨);对于奔月任务,其轨道则为地月转移轨道(LTO),不同的工程目标要求将航天器送入不同的轨道,这是运载火箭的使命。

为精确描述航天器轨道,工程上采用"轨道六要素"指标,即半长轴 a、偏心率 e、倾角 i、升交点赤经 Ω、近地点幅角 ω 和真近点角 f(有时也用过近地点时刻 t 作为第 6 个轨道要素),如图 1-7 至图 1-10 所示。

其中,半长轴(a),即椭圆轨道长轴的一半。半长轴描述了椭圆的大小,或者说长度。偏心率(e),用来描述轨道的形状,大小等于椭圆轨道焦点间的距离除以长轴的长度。形象地说,偏心率越大,椭圆越扁,如图 1-8 所示。

轨道倾角(i),简称倾角。指航天器绕地球运行的轨道平面与地球赤道平面之间的夹角。

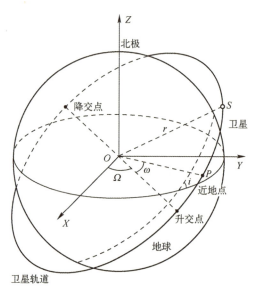

图 1-7 轨道六要素的空间关系

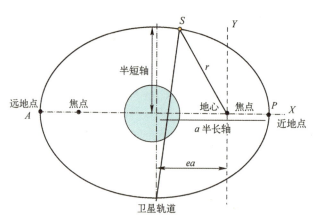

图 1-8 半长轴和偏心率

升交点赤经（Ω），指卫星轨道的升交点与春分点之间的角度。升交点是卫星轨道自南向北运行时，与地球赤道面的交点，形象地描述为"上升"过程和赤道面的交点（另外一边，从北向南的交点称为"降交点"）。春分点，是黄道面和赤道面在天球上的交点。在轨道倾角 i 确定后，升交点赤经 Ω 确定了轨道面在惯性空间的取向，以春分点作为度量的原点，向东为正向。

近地点幅角（ω），近地点幅角是近地点与升交点对地心的张角，沿着卫星运动方向从升交点量到近地点。近地点幅角决定椭圆轨道在轨道平面里的方位，如图 1-9 所示。

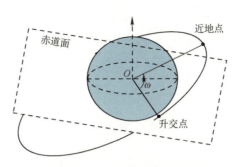

图 1-9 近地点幅角和升交点

真近点角（f），是航天器当前位置与近地点对地心的夹角，如图 1-10 所示。

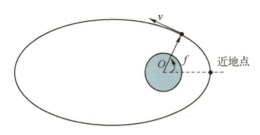

图 1-10 真近点角

航天器精确入轨时，轨道六要素均已确定，因此也就确定了航天器运行的轨道（包括形状、空间方位），同时也确定了航天器入轨时在轨道上的精确位置。

对航天器入轨点的工程要求，可以理解为轨道六要素取值范围的集合。这个条件集由航天器提出。

2）运载火箭弹道设计

对于给定范围的入轨点约束，运载火箭根据自身情况，开展弹道设计。入轨点参数是火箭制导方程的最终目标，弹道设计就是在当前运载火箭技术条件和发射点约束下实现这一目标。火箭的级数、各级发动机推力、各级结构质量、推进剂质量、发射点空间坐标等多种因素，都是弹道设计的输入。

以典型的地球同步轨道设计为例，属于高轨任务，通常采用过渡轨道方案，即采用停泊轨道。若采用直接入轨方案，则能量消耗较大，常采用过渡轨道入轨，较为复杂的任务甚至需要多个过渡轨道，则可以大幅降低能量消耗。

以我国长征五号运载火箭为例，飞行过程分为助推飞行段、一级飞行段、二级一次飞行段、滑行段、二级二次飞行段和末速修正段等 6 个子阶段。如图 1-11 所示，其飞行的过程是：火箭从发射点起飞，经过助推飞行段、一级飞行段、二级一次飞行段，在 K_1 点进入停泊轨道，在停泊轨道上为滑行段，滑行至 K_2 点，火箭二级二次点火，将火箭加速至预定速度后，在 K_3 点火箭与卫星分离。

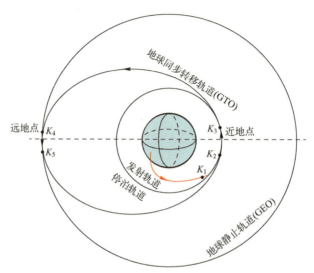

图 1-11　典型 GEO 卫星发射轨道

3）运载火箭射面与航天器轨道面关系

若采用运载火箭最少推进剂消耗的目标作为约束，则理想情况下，火箭的发射弹道与航天器的运行轨道应在同一轨道面内，即火箭的射面与航天器轨道共面。

在运载火箭的弹道与航天器运行轨道共面的前提下，为达到期望的航天器轨道倾角 i，可以根据发射场纬度 i_0，选择一定的发射方位角 A 实现，如图 1-12 所示，根据球面三角形 OBC 计算，三者存在如下关系

$$\cos i = \cos i_0 \cos\left(A - \frac{\pi}{2}\right)$$

进一步讨论这个逻辑链条，根据 $\cos i = \cos i_0 \cos\left(A - \frac{\pi}{2}\right)$，在同一发射点，$i_0$ 不变，同一个发射方位角任务，A 不变，其入轨后的轨道倾角 i 相同。即此时 i 的取值与发射时刻无关，无论任何时候发射，其发射弹道相对于地面是固定的，航天器将进入相对地球坐标系位置不变的轨道。

但由于发射场随地球自转，也就意味着不同时刻发射的弹道和最终轨道在惯性空间是不一样的，即升交点赤经不同。回顾一下，升交点赤经（Ω），指卫星轨道的升交点与春分点之间的角度，事实上，升交点赤经表示了轨道在惯

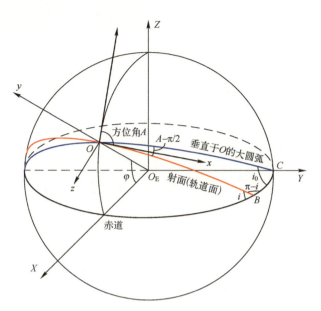

图 1-12 射向、轨道倾角关系

性空间中的方位。因此,航天器对运行轨道赤经的限制,也就限制了发射窗口。

4) 入轨约束、运载火箭弹道设计与发射时间反算

根据运载火箭轨道设计和入轨点约束,可以反推出火箭在发射点起飞的时间段,即发射窗口。

举例说明发射点时间的反算过程如下,以升轨道发射为例,为达到航天器要求的升交点赤经 Ω;如图 1-13 所示的算例中,假设地球不自转,则发射时刻(用赤经表示)应为轨道升交点赤经加上入轨点子午线赤经增量,减去发射点赤经;若考虑地球自转,还需扣除主动段飞行时间内地球自转角度。因此,可知需提前的发射时刻 t_G 为

$$t_G = \frac{1}{15}\left[\Omega + \arcsin\left(\frac{\tan\varphi}{\tan i}\right) - (\alpha_G + \lambda)\right] - \frac{1}{60}t_A$$

式中:λ 为发射场地理经度;中括号部分单位为°;t_A 为运载火箭实际飞行时间(单位为 min);φ 为入轨点纬度;i 为轨道倾角。α_G 和 t_G 的正负要根据不同的算例位置有所区别,图 1-13 所示的算例中 α_G 和 t_G 均为正[2]。

考虑到发射场的地理经度,发射场发射的地方时 t_s 为

$$t_s = \frac{\lambda}{15} + t_G$$

可以看出,若入轨约束范围较宽,发射时间也是一个范围,这个时间范围

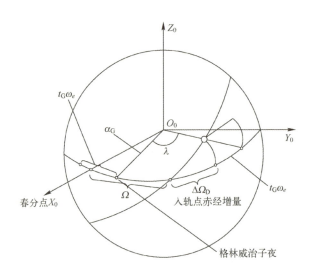

图 1-13 发射时刻的计算

就是发射窗口;在一般的任务中,升交点赤经对于发射时间点的约束较强。

扩展阅读

升轨发射和降轨发射

航天器的发射方式包括升轨发射和降轨发射两种,所谓升轨道发射,如图 1-14 所示,从 S_1 位置开始,降轨道发射即从 S_2 位置开始,两种发射方式均可得到同一个轨道倾角 i,但两者选择的发射方位角不同,存在以下关系

$$A' = 180° - A$$

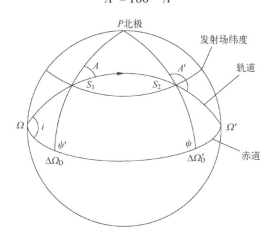

图 1-14 升轨道发射和降轨道发射

第3节 宽窗口发射

发射窗口的确定是航天器入轨约束和火箭弹道设计反算得到的。理想情况下,对于低倾角轨道的发射,如果目标轨道无升交点赤经的约束,仅要求轨道倾角,则一天任何时间都可发射,也就是说,发射窗口的宽度是 24h。

在早期的航天实践过程中,工程目标仅仅是将卫星送入太空,开展较少约束的试验验证即可,而随着航天工程目标的不断发展,各类约束条件不断被提出,窗口限制条件也越来越多。

以下限制因素均为当前航天任务较为常见的入轨限制条件,对于特定的某一个任务,可能只限制其中的几条,而且这些限制条件最终决定的窗口宽度通常较宽,称为宽窗口发射。一般情况宽窗口发射任务相对较多,如我国长征五号运载火箭首飞任务,窗口宽度长达 2h40min。

1)航天器太阳帆板的光照要求

为实现长寿命续航,目前卫星及载人航天飞船上多采用太阳能电池供电,当航天器进入轨道时,希望航天器太阳帆板(也称太阳翼)受到阳光照射,可立刻发电供航天器使用。因此要求星箭分离后,卫星尽快离开地球阴影区域,进入日照区域。

(1)照射时间。工程上定义航天器轨道上的太阳翼受晒因子 K_s 如下[2]

$$K_s = \frac{航天器绕地球一周受太阳照射时扫过的地心角}{360°}$$

另一种定义方式是

$$K_s = \frac{一个周期内受太阳照射的时间}{周期}$$

一般情况下,航天器在地影区域时间如图 1-15 所示,图中太阳光线垂直纸面向外,图中大弧线表示卫星轨道,AB 对应地心角 u_{max} 是太阳光与轨道面平行时地影所占的地心角,即最大地心角,也是最大地影的一半。AC 对应地心角为 β,是太阳光与轨道面的夹角,BC 的弧长 u 是此时地影弧长的一半。当 β 达到 u_{max} 时,航天器轨道与地影相切,航天器无阴影,处于全日照。

ABC 构成球面直角三角形,有

$$u = \arccos\left(\frac{\cos u_{max}}{\cos \beta}\right)$$

$$\cos u_{max} = \frac{\sqrt{h^2 + 2R_E h}}{R_E + h}$$

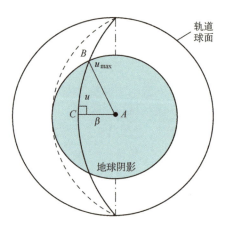

图1-15 航天器地影区域示意

式中：R_E 为地球半径；h 为轨道高度。因此，地影弧长占轨道周长的比例 f_E 为

$$f_E = \frac{u}{\pi} = \frac{1}{\pi}\arccos\frac{\sqrt{h^2+2R_E h}}{(R_E+h)\cos\beta}$$

这样，航天器过地影时间

$$t = f_E T$$

式中：T 为航天器轨道周期。扣除过地影时间，可以得出航天器受地影影响的时间。同时可得受晒因子为

$$K_s = 1 - f_E$$

（2）照射角度。进一步细致地考虑太阳光照射太阳翼的问题，如果阳光垂直照射在太阳电池翼上，所产生的电能最大；在非直射状态下，太阳电池翼的效能就比较低。因此航天器在轨运行，需确定本身姿态和太阳光与航天器轨道的夹角。

阳光与航天器轨道面的夹角 β，其含义如图1-16所示，图中黄道为太阳运行轨道，ε 为黄道和赤道的交角（约23.5°），α_S 为太阳赤经（太阳位置相对春分点的经度），δ_S 为太阳的赤纬（太阳位置相对赤道的纬度），则 β 按下式计算

$$\beta = \arcsin[\cos\delta_S \sin i \sin(\Omega-\alpha_S) + \sin\delta_S \cos i]$$

式中：i 为轨道倾角；Ω 为升交点经度。

航天器稳定运行时，其太阳翼与自身成稳定的角度关系，即与轨道面成稳定的角度关系，因此 β 的计算，即可等效为太阳光与太阳翼角度的计算。

2）地面目标的光照要求

对于气象、资源卫星等需要观察星下点地面目标的航天器，要求卫星飞行

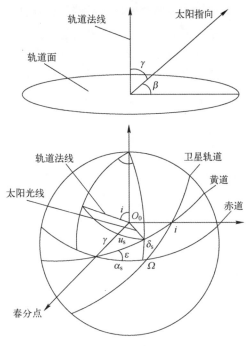

图 1-16 阳光与轨道夹角

下方的地面目标光照良好,以便卫星上的可见光遥感器能很好地遥感地面的图像。因此,发射这类航天器的发射窗口都选在白天。

而具体的地面目标光照指标,通常使用太阳高度角描述。太阳高度角是太阳相对地平面的仰角,是可见光遥感的重要参数,同一时间不同纬度地区太阳高度不同。太阳高度角 θ_h 由下式确定

$$\theta_h = \arcsin[\sin\varphi\sin\delta_S + \cos\varphi\cos\delta_S\cos(\Omega - \alpha_S + \Delta\alpha)]$$

式中:φ 为地理纬度;δ_S 为太阳的赤纬;α_S 为太阳的赤经;$\Delta\alpha$ 为航天器飞越某纬度所对应的赤经与升交点 Ω 之差:

$$\Delta\alpha = \arcsin\left(\frac{\tan\varphi}{\tan i}\right)$$

式中:i 为轨道倾角。

3) 特殊部件或仪器光照或反光的要求

航天器上制导、导航和控制系统(Guidance Navigation & Control System,GNC)一般采用红外地平仪进行姿态识别,为了其正常工作,轨道上运行时要求红外地平仪不受阳光的影响。

由于相比空间而言地球的温度比较高,所以安装在航天器上的地球敏感器的红外光线很容易发现,并可对准地球进行测量,但如果有太阳光照射到红外

镜头或视场，就会产生干扰，导致仪器出现故障。为保证红外地球敏感器的正常测量，需要避开太阳光的辐射影响，并选择合适的角度。

对于极地气象卫星，为了获取清晰的云图，同样需要避免阳光进入扫描辐射计。因此，在选择合适的阳光天顶角使被摄物有较好的光照条件的同时，要选择卫星本体方位与太阳光线的关系，避免阳光直射影响拍摄效果。综合这些对阳光的要求，选择轨道面升交点赤经的范围，从而影响发射窗口的宽度。

这类要求，也称为卫星姿态控制和机动对地球、航天器、太阳之间几何关系的要求。

4）卫星温度控制对太阳照射的要求

空间真空环境，航天器与外部无法进行对流传热，只能靠辐射传热，因此受太阳辐射和地球阴影的交替影响，航天器外表面材料温度周期变化大，达±100℃甚至更大，称为"温度交变"现象[6]。温度交变，对航天器材料性能和寿命影响较大，对于温控系统要求高。典型卫星在轨温控需求如图1-17所示。

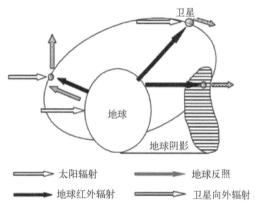

图1-17 典型卫星在轨温控示意

事实上，这一温控要求与太阳翼和太阳光的约束关系基本一致，既需要考虑受晒因子 K_s，又需要考虑受晒的角度。太阳照射面积的大小、角度不同，将使航天器吸收不同程度的热量。要保证航天器内环境温度适宜、有一定的散热条件，从而使航天器温控适度，同样需要选择一个合适的角度。

5）地面测控设备对航天器测控条件的要求

若运载器在点火升空到一定高度时能受到阳光照射，则地面的光学跟踪测量仪器可以清晰地观测火箭的飞行轨迹，观察其飞行姿态。如载人航天器的发射，多选择白天，以便观测、监测，以进一步保证安全。

工程上，对这些限制因素综合考虑，对发射窗口的允许时段进行搜索筛选，并比较和优选，最终确定适于任务的发射窗口。一般而言，这些因素并不像深空探测或交会对接任务的要求那样严苛，发射窗口宽度相对较宽。

实战案例

我国风云二号C卫星发射窗口计算，主要限制条件包括：
（1）卫星太阳翼光照要求，转移轨道地影小于30min；
（2）考虑星上温控要求，发动机远地点的温度不能低于要求值；
（3）姿态控制要求，需太阳、地球和卫星位置合适的几何关系；
（4）地面测控要求，保证有足够的可测控弧段进行轨道、姿态测定和测控计划安排，包括卫星发动机点火等动作的执行。

根据以上条件，通过搜索筛选算法，选出符合条件的所有发射窗口，如图1-18所示。

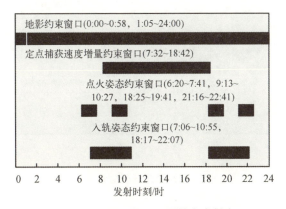

图1-18 风云二号C卫星综合发射窗口

对选出的发射窗口进行进一步优选。经比较可知，上午的发射窗口比晚上长57min；上午发射窗口定点捕获所需要的速度增量为0.9m/s，而晚上为6.67 m/s，前者省燃料；上午发射转移轨道无地影，晚上发射有地影。综合各类因素，最终风云二号C星发射窗口选在上午[7]。

实战案例

我国神舟五号载人飞船发射窗口分析约束包括：
（1）太阳翼照射要求，太阳光与轨道面夹角不大于20°；
（2）飞船红外地球敏感器要求太阳矢量不进入红外地敏仪视场，以及太阳保护视场，要求太阳矢量值满足：$\arccos(S_{0y}) \geq 70°$或$\arccos(S_{0y}) \leq 40°$，其中，太阳矢量S_{0y}由以下定义确定，原点O为飞船质心，O_{z0}指向地心，O_{x0}为飞船轨道平面的负法线方向，O_{y0}与O_{z0}、O_{x0}构成右手系，即飞船轨道坐标系，太阳地心单位矢量在轨道坐标系的投影记为 (S_{0x},S_{0y},S_{0z})；

(3) 数字太阳敏感器要求可有效测量太阳矢量 $145°\geqslant\arccos(S_{0y})\geqslant 35°$；

(4) 模拟太阳敏感要求太阳翼可有效跟踪太阳 $130°\geqslant\arccos(S_{0y})\geqslant 50°$；

(5) 飞船温度控制要求受晒因子 $0.58\leqslant K_s\leqslant 0.63$；

(6) 飞船在轨应用期间，要求太阳光与轨道夹角 $|\beta|\leqslant 23°$。

通过以上要求计算综合发射窗口早晚各有一个，如图 1-19 所示，经过计算还可以看出，其中主要约束条件是太阳翼光照要求和各类敏感器的要求[8]。

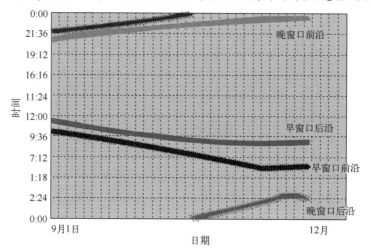

图 1-19　神舟五号飞船综合发射窗口

第 4 节　窄窗口发射

在宽窗口发射任务限制因素的基础上，进一步增加其他限制因素（如深空探测和组网发射的各种约束条件），使得每日发射窗口宽度较窄（一般小于 30min），即为窄窗口发射。

以典型的月球探测任务为例，如图 1-20 所示。探测器首先从地面发射场发射至停泊轨道（A 点），然后在地球停泊轨道滑行到某点（B 点）加速进入地月转移轨道；接着在地月转移轨道的某点（C 点）减速成为月球卫星，并飞行完成对月球的探测。如果要在月球着陆，则需进一步在环月轨道减速，从而进入着月轨道。

按照 GJB 21.1A 标准定义，距地表高度大于等于 2×10^6km 的范围为深空探测范围。而地月平均距离超过 3.8×10^6km，因此月球探测属于深空探测（事实上，月球是地球的卫星，因此地月轨道仍属于地球的卫星轨道）。地球轨道

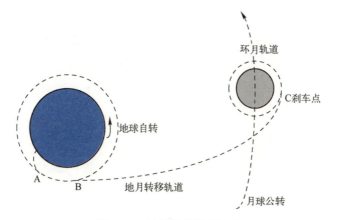

图 1-20 地月转移轨道示意

面、月球轨道面有一定夹角,如图 1-21 所示,月球对地倾角范围在 18.28°~28.58°之间变化,属于天然的低倾角轨道卫星。因此探月任务的射向主要受地月相对位置关系影响[9]。

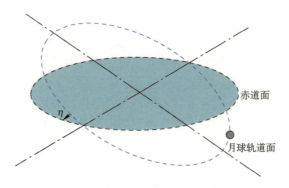

图 1-21 地球、月球轨道面相对关系

月球探测器的窗口一般分为月计窗口和日计窗口。

第一步选择着月点月计窗口,它一般由月球星下点及着月点的光照条件确定,通常在某月内连续数天都可满足。

月球绕着地球以一个月周期公转,自身又以同样的周期自传,所以它的一面始终正对地球,一面长期背对地球(月球背对地球的一面被称为"月之暗面"。长久以来,月球只有一面朝向地球这一现象有多种猜测,目前,潮汐锁定是其公认的成因)。

为了观察、测量的便利,着月点一般取在正对地球的一面。而随着月球的公转,月球正面周期性处于光照和阴影之中,这就是我们常见的望月和朔月,这意味着着月点会随着月亮的公转周期被照亮。

若将太阳视作地球的一颗卫星（当然只是等效类比描述），黄道面与月球赤道面夹角较小，约1°32′，如图1-22所示。

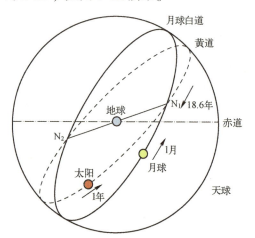

图1-22 黄道、白道、赤道夹角关系

考虑太阳月面点（太阳视作月球"卫星"时的星下点）轨迹，则该轨道与月球赤道基本重合，因为月球自转和公转周期相等，因此太阳月面点由东沿赤道向西运行，周而复始。

当工程考虑各种因素选定着月点后，其月面纬度基本决定了探测器环月轨道的倾角。考虑月面点光照需求，月面点最小阳光入射角则近似为其月理纬度绝对值。

通常情况下，为便于对月面进行可见光观测（以便进行观测或者对着月点的安全性进行考察），要求月面点的阳光入射角≤75°。因太阳的月面星下点轨迹近似于月球赤道面重合，所以，当太阳位于月球卫星轨道面内时，星下点光照弧段最大。对于着月任务，进一步考虑着月点光照的约束，一般希望着月点阳光斜射一定范围，如入射角为45°±10°。

第二步选择着月点日计窗口，由探月轨道刹车点及地面测控条件等反算得到。由于月球绕地球公转周期约为27.32天，而地球自转周期为1天，如图1-23所示。可见，相对月球公转，地球自转角速度更大。因此由地球上某点发射探测器进入月球刹车点的任务，可以理解为在一定的地月位置关系下，从相对高速旋转的地球上发射物体的任务。

对于从地球出发的月球探测任务，可以类比一个人坐在高速旋转的椅子上（地球高速自转），用枪去打外围绕着他低速旋转的靶子（月球绕地球低速公转）。事实上，这一类比对于大多数深空探测任务都适用。

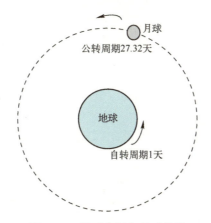

图 1-23 地球自转与月球公转

理想情况下，火箭飞行时间和探测器在预定地月转移轨道的飞行时间理论值是一定的，因此到达固定刹车点 C 的时间是一定的。工程上，根据探月目标选取 C 点，从而反算地面 A 点的发射时间[10]，这是第三步。

如果 C 点唯一，则根据运行轨迹反算，理想情况下，A 点需执行"零窗口"发射。通常，根据探测器轨道修正的能力，C 点可在一个相对较小的范围内选择，因此 A 点的窗口宽度较小。工程上，通常要求 C 点精度范围限定在公里级，相对 36.3 万~40.55 万 km 的地月距离而言，这个精度要求堪称严苛。

前面我们说过，升交点赤经表示了轨道在惯性空间中的方位。具体地，由于地球的自转，发射时间每延迟 4min 所引起的升交点赤经的偏差是 1°。这 1°的偏差，造成到达月球刹车点 C 的偏差是巨大的。

早期美国和苏联的月球探测器发射窗口通常在 4~5min，看上去窗口已经很"窄"了，但这点窗口可能造成升交点赤经 1°的偏差仍然是工程所难以忍受的，这就需要探测器在地月转移的过程中进行中途修正。

中途修正需要消耗较多的探测器燃料，如我国发射嫦娥一号探测器时，发射窗口达到了 35min 宽度，这是因为嫦娥一号探测器携带的燃料具有较强的速度修正能力。经计算，若在窗口前沿发射，与在第 35min 内发射相比，可节约探测器 120kg 燃料，占燃料总重的 10%。因此发射窗口的宽度与运载火箭运载能力余量、探测器推进剂余量等可用于修正的能力相关。图 1-24 为我国嫦娥五号探测器中途修正示意。

具体的月球探测器典型轨道计算，属于端点流型给定的边值问题，其轨道动力学模型受运载火箭推力、地月日引力、日月非球摄、大气阻力摄动、月球

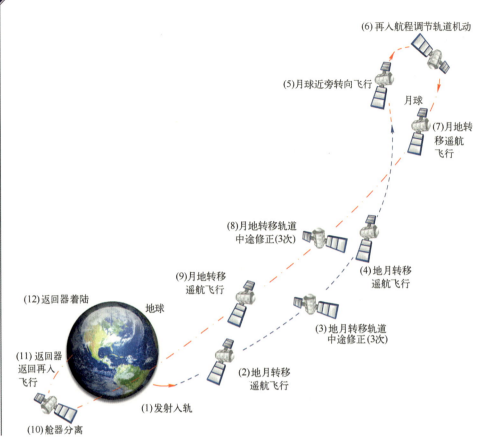

图 1-24 嫦娥五号中途修正 2~3 次

历表等多种因素影响,需要复杂且费时的迭代搜索计算。

火星探测等其他深空探测任务,其发射窗口确定与月球探测任务类似。类比月球探测任务,深空探测同样有最佳起飞点,严格意义上仍是零窗口发射。火星探测任务的轨道大体分为三段,如图 1-25 所示。

(1) 一段(A-B 段)是地球逃逸段,火箭起飞至探测器达到地球逃逸速度,B 点脱离地球引力范围;

(2) 二段(B-C 段)是在太阳引力下的"类抛物运动";

(3) 三段(C 点之后)是在 C 点被火星引力捕获,通过变轨机动,环火并降落。

为了射前程序更具弹性,牺牲探测器部分能力获得一定的窗口宽度,一般在最佳点的前后几分钟,具体视探测器能力而定。

组网卫星的发射,由于组网星座轨道上各卫星之间相位的要求,发射时刻

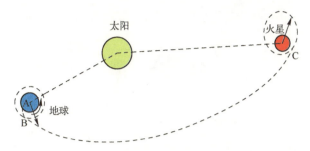

图 1-25 典型直接地火转移轨道

要尽量精确。以我国北斗组网 IGSO-1 卫星的发射任务为例,每 10min 的发射时间误差会对 IGSO-1 卫星轨道的升交点赤经造成约 2.5°的误差,进而造成三颗 IGSO 卫星星下点轨迹约 2.5°的经度误差,因此,IGSO-1 卫星有最佳发射时间点的要求。

第5节 零窗口发射

交会对接任务对窗口的约束进一步加强,短则只有几秒钟,甚至仅有 1~2s,被称为零窗口发射任务。

交会对接技术与载人天地往返、出舱活动并称载人航天的三大基本技术[11-14]。对于载人空间站建设这类大型航天工程项目,无论是货运飞船还是载人飞船,均需与空间站对接。北京时间 2021 年 6 月 17 日 15 时 54 分,我国神舟十二号载人飞船,采用自主快速交会对接模式成功对接于天和核心舱前向端口,整个交会对接过程历时约 6.5h。

另外,载人登月和其他深空探测任务,由于工程难度巨大,通过多次发射和交会对接技术在近地轨道完成飞行器的组装,是降低对单发运载火箭能力需求的有效途径。特别是对于诸如火星及其以远的载人任务而言,这可能是目前技术水平上可工程实现的最佳途径。

以美国 NASA 于 2009 年提出的载人火星探测任务模式为例,如图 1-26 所示[15]。该方案是人货分运式环火组装方案,其工程量包括在两个地火相遇期内分别完成货运载荷和载人载荷的发射。货运载荷由 7 次"战神"5 重型火箭发射任务完成,载人载荷由 5 次"战神"5 重型火箭发射和 1 次"战神"1 载人型号火箭发射任务完成,即存在连续发射 7 枚重型运载火箭的需求,整个任务周期长达 4 年零 8 个月。为使奔火转移能量消耗最小,尽量减小工程难度,需在第一个地火交互期,约 20 天内完成 7 次"战神"5 重型火箭发射,组成地火转移轨道大质量载货飞行器,然后整体推进进入环火轨道,投送用于火星上升器推进剂的生产设备和人员居住设备，居住着陆器在环火轨道运行。

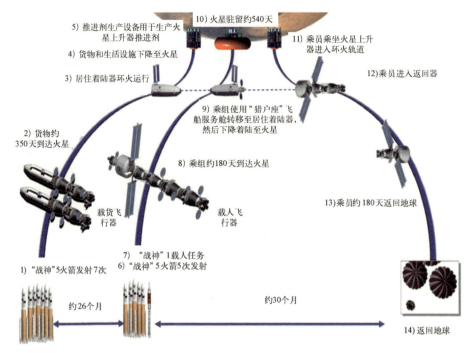

图 1-26　NASA 采用 "战神" 5 重型火箭的探火计划（该计划已取消）

无论是载人空间站的交会对接，还是重大工程组合体的空间交会对接，均涉及两个飞行器，一个是目标飞行器，一个是追踪飞行器。目标飞行器首先发射升空，追踪飞行器作为主动飞行器去寻找目标飞行器进行交会对接。因此，由于目标飞行器的轨道位置限制，要求追踪飞行器自发射时刻起就务须精准，其发射窗口要求就更高。

根据交会对接的过程可见，交会对接任务窗口约束条件来自交互对接的航天器双方，主要包括：

1) 共面约束，发射方位的确定

由于在轨进行轨道面机动燃料消耗很大，故交会对接任务应尽量避免轨道面机动，这需要将追踪航天器发射到与目标航天器共面的轨道上，即轨道倾角和升交点赤经与目标航天器的相同。即理想状态下，需要追踪航天器与目标航天器轨道共面。

根据航天器轨道倾角与射向、发射点纬度的关系：

$$\cos i_2 = \cos i_0 \cos\left(A - \frac{\pi}{2}\right)$$

可以在某发射场，通过指定射向选择航天器的轨道倾角 i。

进一步的，由于地球引力 J_2 项摄动（摄动，即扰动；地球引力 J_2 项摄动，即地球的非球形引起的摄动，通常仅考虑 J_2 项——二阶带球谐系数），导致飞行器轨道升交点漂移。这是因为地球非球形，而地球引力对卫星的作用并不是时刻均匀地指向地心，而是非均匀作用，会对卫星轨道造成偏转的影响。这就使得相邻两次发射时刻的相隔时间需要比地球自转周期略小。如对于 2 天的回归轨道，相邻两次发射的时刻每天约提前 28min。

事实上，对于低轨交会对接任务，除地球非球形摄动外，还有大气摄动、日月引力摄动、地磁场摄动、光压摄动等一系列摄动因素，只不过它们的影响较小。

若追踪飞行器与目标飞行器的轨道存在偏差，则需在追踪飞行器发射入轨后，开展轨道修正。需要注意的是，追踪飞行器的轨道修正，通常不只包括轨道倾角的修正，还包括升交点赤经的修正。因为对于同一个轨道倾角，空间中仍有无数轨道与之对应，对于交会对接等任务，仍需进一步确定轨道升交点赤经 Ω，从而进一步确定轨道的位置。

2）相位约束，发射时刻的确定

追踪航天器入轨后，与目标航天器存在着一定的初始相位差，然后通过在轨调相过程来对相位差进行弥补。由于航天器要在指定时间内完成交会对接任务，因此需要对初始的相位差做出约束。

考虑特定的发射时刻 t，则该时刻发射场所在的子午线的赤经相对轨道升交点赤经的增量 $\Delta\Omega_D$ 为

$$\Delta\Omega_D = \arcsin\left(\frac{\tan\varphi}{\tan i}\right)$$

式中：φ 为发射点地理纬度。暂不考虑地球自转，发射场的恒星时角 α_L（相对春分点的赤经）为

$$\alpha_L = \Omega + \Delta\Omega_D$$

因此，计算确定发射刻时，将 α_L 折算为时间，即按地球线速度 15(°)/h 换算，同时要考虑发射时刻到航天器入轨的飞行时间 t_A（火箭弹道飞行时间），便可以反推出发射的时刻。

3）光照约束

在自主交会对接过程中，一方面需要太阳光的有效照射，以便观测目标航天器，从而更好地完成追踪与对接。为满足光学器件的要求，在逼近段，太阳方向与目标航天器靶面法线的夹角应限制在较小范围内，以避免产生过长的靶标阴影。另一个方面要避免强光直射对光学测量敏感器造成不良影响，即要求太阳矢量不进入光学器件保护视场。

在实际工程执行过程中，需空间对接的飞行器在空间相遇直接完成对接，是较为理想的情况，通常任务航天器仅是进入目标轨道或靠近目标轨道，经过调整，不断与目标飞行器靠近，从而完成对接。

以货运飞船对接空间站任务为例，目前国际空间站使用的货运飞船包括俄罗斯"进步"M货运飞船（使用"联盟"号火箭发射）、欧空局的ATV货运飞船（使用"阿里安"5火箭发射）、日本的HTV货运飞船（使用H-2B火箭发射）、美国的"天鹅座"飞船（Cygnus，使用"安塔瑞斯"火箭发射）和美国"龙飞船"（Dragon货运版，使用"猎鹰"9火箭发射），我国的"天宫"空间站使用"天舟"货运飞船（使用长征七号（CZ-7）火箭发射），在典型对接任务中，相关飞船从发射至对接的时间统计如表1-1所示。不同任务中，对接方案也略有不同。

表1-1 世界各国货运飞船对接时间统计

对比项	"天舟"	ATV	HTV	"进步"MS	"龙飞船"	"天鹅座"
国家	中国	欧空局	日本	俄罗斯	美国	美国
运载火箭	长征七号	"阿里安"5	H-2B	"联盟"	"猎鹰"9	"安塔瑞斯"
首飞时间	2017	2008	2009	1989	2012	2013
发射至对接时间	8h	5d8h	3d21h	3h19min	1d2h	1d11h

参考文献

[1] 李双庆. 国防科技名词大典：航天 [M]. 北京：航空工业出版社，2002.

[2] 张庆君，刘杰，等. 航天器系统设计 [M]. 北京：北京理工大学出版社，2018.

[3] 夏南银. 航天测控系统 [M]. 北京：国防工业出版社，2000.

[4] 崔吉俊. 航天发射试验工程 [M]. 北京：中国宇航出版社，2010.

[5] [美] 哈兰 D M，等. 航天系统故障与对策 [M]. 阎列，邓宁丰，舒承东，译. 北京：中国宇航出版社，2007.

[6] 钟文安，张俊新. 航天测试发射原理 [M]. 北京：国防工业出版社，2020.

[7] 李绿萍，等. FY-2C星发射轨道计算与分析 [J]. 上海航天，2005（增刊）：12-15.

[8] 颜华，李革非. 飞船发射窗口计算 [J]. 载人航天，2007（2）：24-27.

[9] 郗晓宁，王威，等. 近地航天器轨道基础 [M]. 长沙：国防科技大学出版社，2003.

[10] 郗晓宁，等. 从地面发射月球探测器的窗口选择 [J]. 天文学报，2011（11）：

361-372.
[11] 周建平. 载人航天交会对接技术 [J]. 载人航天, 2011 (2): 1-7.
[12] 张丽艳. 佳慧. 对接任务发射窗口相关问题研究 [J]. 载人航天, 2005 (6): 13-16.
[13] 李海阳, 等. 航天器交会对接发射窗口分析 [J]. 宇航学报, 2009 (9): 1861-1865.
[14] 李革非, 等. 多约束交会对接发射窗口的分析和规划 [J]. 宇航学报, 2011 (11): 2463-2470.
[15] Drake, Bret G. Human Exploration of Mars Design Reference Architecture 5.0 [R]. NASA-SP-2009-566, July 2009.

第 1 章 绪 论

第 2 章

系统协同与最低条件

从准时发射的概念上,明确了发射窗口,还需在发射窗口范围内使各系统具备最低发射条件。本章讨论航天任务的参试系统,以及它们的最低发射条件的内涵。

一般将参与发射场航天测试发射回收与测量控制的系统统称为航天发射任务系统,主要由运载火箭系统(运载火箭及其测发控系统)、发射场系统、航天器系统(航天器及其测试系统)、测控通信系统和气象系统,部分任务根据需求还包括航天员系统、应用载荷系统、着陆场系统、商业合作单位以及必要的其他系统等,如图2-1所示。

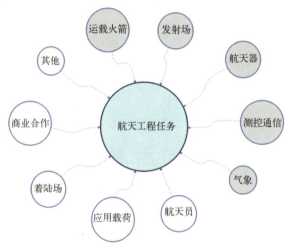

图2-1 航天工程任务的系统组成

因此,发射窗口确定了,要确保在窗口内安全、准时、成功发射,还需要了解参与发射的各系统,从而更好地确定射前最低发射条件和发射预案。

不同任务中各大系统的重要性是不同的,射前优先级不一样。优先级的区分并不是在工程技术领域人为地忽视某些系统,因为就巨系统工程本身而言,协同配合至关重要。但就发射日当日的点火发射决策而言,考虑到推迟发射可能造成的巨大影响,确实没有必要过分强调所有系统和所有单机的可靠性和性能指标。

在这个意义上,我们希望限制点火发射的条件越少越好,因为更少的点火条件,利于更加灵活的发射决策实施。

最低发射条件,是允许火箭发射需满足的最少充分条件集合[1]。在运载火箭的测试过程中,参数指标有其判据和理论值范围,超过范围我们称为超差,认为数据不合格。但实际上系统设计中会留有一定余量,最低发射条件一般要求各系统将余量尽量共享,即提供可以发射的最低标准。火箭发射不能突破最低发射条件,否则无法保障发射和飞行成功,因此最低发射条件是"保发射成功"。

最低发射条件主要包括任务相关各系统的关键技术指标和气象环境条件,

有时也包括空间环境要求等。对于一般的运载火箭发射任务，最低发射条件所涉及的系统主要有运载火箭系统、航天器系统、发射场系统和测控通信系统，并包含点火发射时所必须满足的气象条件和空间环境、航区、电磁频谱等其他需要满足的发射条件。

具体任务的最低发射条件，要相应考虑实际需要制定。对于测试运载火箭功能和性能的飞行，如火箭的首飞，考虑组织一次发射的成本较大，一般对搭载的航天器射前不影响安全的一般故障可以放行。而对于大多数发射任务，我们的目的是要将航天器正确送入轨道，因此射前航天器有"一票否决"的权利，即航天器各系统必须功能性能良好，火箭才允许点火发射。一般任务由于测控系统不参与控制，常规的火箭发射其影响发射的条件较少；若是深空探测，由于要快速对探测器注入参数及确定轨道，处于各大洲的深空站则是必保设备。

本章思维导图如图 2-2 所示。

图 2-2　第 2 章思维导图

第1节 运载火箭系统最低发射条件

通常，运载火箭系统主要由箭体结构与动力系统、控制系统、测量系统（或将控制与测量统称为电气系统）及相应的地面测发控设备和发射支持系统等组成。

火箭的研制过程各阶段都要进行各种分析和试验验证工作。一般来说，要求工厂试验验证需覆盖发射场，地面测试需覆盖天上的飞行性能。由于资源、试验条件、试验环境的限制，不同的设备、系统的试验验证及仿真分析的覆盖性和真实性不尽相同。

运载火箭自研制制造起就经历多种测试，在发射场还需经详细的单元测试、分系统测试及总检查测试，合格后才能转入发射区，进入加注发射阶段。运载火箭从技术区到发射区会带来一些箭地接口、测试条件的变化，加注后箭体形变、温度湿度带来的一些热力学及环境的变化，因此，还需通过射前最终测试确认火箭满足飞行条件。射前确认的火箭需满足的技术指标和集合，就是运载火箭系统的最低发射条件，主要包括：

（1）箭体结构条件。包括封闭火箭各操作舱口，取下各类保护件；除零秒脱落连接器外，其余连接器已脱落，全箭与发射支持设备不存在干涉等情况。

（2）动力系统条件。包括运载火箭的推进剂已足额加注，运载火箭发动机阀门管路等部件性能指标满足点火要求，发动机管路、阀门、泵等部件壁温满足要求（预冷好），贮箱气枕压力满足要求（增压好）。

（3）电气系统条件。一般包括箭上及地面测试发控系统的母线漏电电阻满足要求；飞行软件及相关参数按要求从地面装入箭上计算机（装订合格），箭上单机经射前功能检查测试功能正常、参数合格；地面测发控系统准备好，可以执行点火动作。

（4）发射支持系统条件。包括摆杆已摆开、发射台上导流孔通畅等。

1 箭体结构条件

箭体结构的主要功能是维持火箭的外形，承受火箭在地面停放、起吊、运输、发射操作和飞行等各种使用工况的载荷，装载推进剂，实现火箭操作使用过程中的各种功能要求（操作舱口等），将有效载荷、动力系统、电气系统等分系统连接成一个整体。箭体结构是其他系统仪器设备的主要安装平台，是运载火箭的主体。

箭体结构主要包括整流罩、芯级结构、级间段和助推结构等，图2-3为欧空局"阿里安"5火箭结构示意。

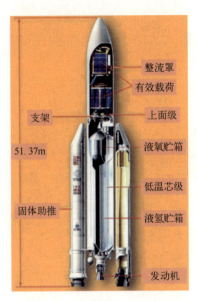

图 2-3 "阿里安" 5 火箭结构

在工厂测试期间,箭体结构分系统以分离部段形式横放,其主要的功能性能在初样阶段前都已试验验证,飞行产品不再进行测试。

到发射场后,运载火箭各部段以垂直或水平状态组装为一个整体,并安装不能随箭运输的仪器和火工品等。由此可见,箭体结构的力热载荷等性能在发射场几乎不可再开展测试验证。从组装工作的角度看,测试发射过程中最常见的问题是安装尺寸不匹配协调等安装问题和接口匹配问题。

在运载火箭点火发射前,箭体结构需要确认的最低发射条件包含两个方面:一是结构的完整性,即取下各类保护件并封闭各类舱门,确保总体结构具备点火发射的条件;二是周围无干涉,即确认火箭和周围地面设施设备不存在起飞通道干涉。

1) 取下各类保护件、封闭各类舱门

为满足地面测试过程中仪器安装和状态准备,通常箭体相应部位要开设若干操作口,如图 2-4 所示,为"阿波罗"11 号任务期间,测试人员围绕飞船操作舱口测试操作的漫画示意。有时,为满足火箭射前瞄准的需求,还要设置瞄准窗等。这些用以方便测试操作的开口部位,随着发射条件的具备,相应测试工作的完成,射前都需封闭(简称封舱)。

箭上部分插头或部件,在测试时会使用保护部件,如为防止火工品误爆的火工品短路插头、防止分离动作的分离弹簧保护件等。箭上发动机保护件、伺服机构卡具、管路系统的保护件等,在测试过程中都起到保护器件或维护测试

图 2-4 "阿波罗" 11 号飞船操作舱口附近的操作漫画示意

环境的作用。在火箭点火发射前，这些保护件均需取下。通常，将保护件做成红色，在射前将所有红色保护件均取下，并清点数量。

取下保护件，封舱门，都是使运载火箭在射前结构上具备完整性条件的操作。事实上，对于低温火箭，在推进剂加注前后重力和低温形变对箭体结构的变化同样不能忽略。

以我国长征五号运载火箭为例，该火箭在地面加注发射阶段为助推支撑芯级结构，即助推竖在发射台支撑臂上，由连杆将芯级挂在助推上，而芯级尾段"悬空"。在煤油推进剂加注后，火箭结构受重力影响，一级尾段有所下沉；液氧加注后，由于低温形变，结构又有变化，一级尾段高度有所升高，其下沉和升高距离达到几厘米之多。

同时，低温形变，可能导致箭体上的长排整流罩形变，发泡层吸湿等一系列问题，对箭体结构造成一定的不良影响。若飞行过程中，结构部件等变形而改变火箭整体气动载荷，或部件脱落碰撞箭体等，都可能造成十分严重的后果。

实战案例

2005 年，我国某型火箭任务，前一天运载火箭已加注完毕，发射日上午开展状态检查，由于操作人员的失误，助推器 8 个箱间段舱门仅封闭了垂直方向的螺钉（3个），而舱门上下水平方向的螺钉（8个）均没有关闭。

固定勤务塔的回转平台打开后，程序进入射前-3h，岗位开展射前状态检查时，发现该问题。由于当前运载火箭技术状态下，回转平台无法调整，操作人员无平台可以操作。但考虑到舱门不封闭，可能在飞行过程中产生次生危害。现场决策采用有高空云梯的消防车将人员送到指定位置，进行封舱操作。最终，在进入发射窗口前完成了封闭舱门的工作，准时点火，发射取得成功。

> 实战原则："一次做对"质量理念

这是"零缺陷"管理理念的要义。因为第二次做，条件状态均已变化，并可能增加一系列额外成本。

2）箭体周围无干涉

运载火箭测试发射过程中，需要地面设备的支持和支撑，如箭上气瓶充气和推进剂加注等需要气液管路的连接；为尽量减少发射前箭上电池的消耗和方便获取实时测试数据，需要电连接器的连接；为保障射前操作和瞄准等功能，需要相应的工作平台等保障。

随着加注发射程序的推进，管路逐步断开，平台逐步打开，摆杆逐步摆开，运载火箭点火前，箭体周围除零秒脱落连接器，将不再有其他连接，不再有对火箭干涉的结构，以免对火箭起飞造成影响。

实战案例

2020年，我国某型火箭任务，进入射前连接器脱落及发射架放倒程序，实际连接器没有脱落，发射架放倒时，连接器支架拉断，并撞击一二级级间段，所幸没有影响发射，飞行过程正常。这个过程中信号已到指挥员处，因此在点火前的较短时间内，岗位人员认为连接器已经脱离；但事后回放，视频上确实可看见未脱落。

2021年，我国某型火箭任务，液氢加注连接器脱落时，虽然已经收到连接器脱落号的信号，但视频画面卡滞，岗位人员无法确认连接器是否正常脱落，紧急上报发射指挥员，发射程序暂停，待视频显示已脱落后程序继续，导致点火时间延迟了一分多钟。

这就提出一个问题，系统工作可靠的准则是以信号为主还是以视频为主？若二者矛盾，如何决策？

> 实战原则：射前监测系统可靠性需高于被监测对象

关键状态本身的确认手段必须科学有效，因为是评判的依据。而冗余手段，往往是出现紧急情况的救命稻草。

2　动力系统条件

动力系统主要由发动机系统、增压输送系统以及相应的测试设备组成。发动机由推力室、涡轮泵、燃气发生器（或预燃室）、火药启动器（或其他点火装置）和各种阀门、调节器、管路等组成，如图 2-5 所示。

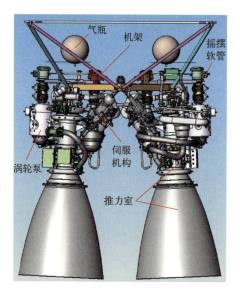

图 2-5　典型发动机结构

不同的发动机在发射场的测试项目各不相同，有的到发射场只进行点火系统火工品安装，如国内 YF-20 偏二甲肼/四氧化二氮发动机；有的需进行大量的测试，如 YF-77 氢氧发动机的电磁活门开闭测试、吹除气封测试、置换等；大部分发动机的状态是在研制阶段确定的，其功能性能及可靠性由大量的地面试车考核评定，作为飞行的上箭产品在工厂完成推力标定的短程试车，之后还需更换一些易损部件，到发射场不再进行点火测试。可见，发动机在发射场的测试覆盖性相对较低。

增压输送系统一般包括贮箱增压系统、推进剂输送系统、供配气系统、加泄排气系统和 POGO 抑制系统等，主要功能包括：

（1）增压输送系统满足动力系统箭上供气测试的需求，并提供箭上压力的测试结构；

（2）在地面设备的配合下实现贮箱加注（或泄出）推进剂，增压气瓶充（或放）气，满足贮箱推进剂加注量及气瓶压力要求；

（3）通过预冷系统，满足发动机起动温度要求；

(4) 为发动机供应推进剂，满足发动机入口推进剂的温度、压力及流量要求，以保证发动机正常起动和工作；

(5) 维持贮箱压力，满足贮箱结构强度和刚度要求。

相对动力其他分系统来说，增压输送系统在发射场工作比较多，也较繁杂，出问题的概率也较大。但不管怎么样，其测试的覆盖性不如电测系统，在最后的加注发射阶段更容易出问题，需引起高度重视。与增压输送系统配套完成功能的地面系统，如加注系统、供配气系统等，其平时测试应力也往往低于加注发射阶段。因此，加注发射阶段压力系统、加注系统容易出现问题。

增压输送系统是为发动机提供推进剂的配套系统，因此动力系统的最低发射条件都是围绕发动机满足点火条件而制定的。

1) 推进剂足量加注

液体火箭发动机推进剂一般包括氧化剂和燃烧剂两种，称为双组元推进剂，液体火箭将氧化剂和燃烧剂分别装在两个贮箱中。推进剂约占火箭起飞质量的85%~90%，推进剂的加注是运载火箭加注发射的重要工作。

实战案例

1981年8月3日，"德尔它"3914运载火箭在范登堡空军基地发射两颗动力探测卫星时，由于推进剂加注人员的疏忽，负责操作加注燃料的工程师通过一个观察孔发现燃料有加满溢出的现象，但没有检查第二级测量仪表作为佐证，就停止了加注，结果少加注了118千克的燃料，致使两颗卫星均未能达到预定的轨道[2]。

> 实战原则：最可靠的是人，最不可靠的也是人

2) 发动机阀门管路等器件的功能、性能指标满足要求

液体火箭发动机结构复杂，各阀门、管路等部件性能指标要求高，以美国航天飞机所使用的主发动机（Space Shuttle Main Engine，SSME）为例（图2-6）。系统共有4台涡轮泵，低压燃料、氧化剂涡轮泵各1台，高压燃料、氧化剂涡轮泵各1台，配套大量管路阀门，发动机室压高达20.5MPa，可大范围调节推力（67%~109%）和混合比。众多的管路阀门实现了发动机的可重复使用和高可靠性，同时价格昂贵。

在点火前，动力系统需确认发动机各组件性能完好，特别是相应阀门、管路或功能组件的完好，如阀门的密封性、管路的压力等。

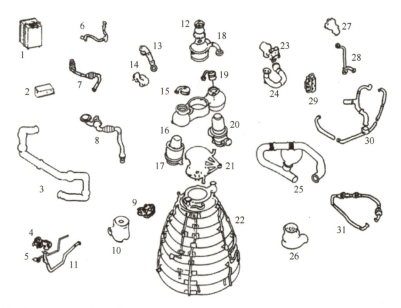

1—控制器；2—FASCOS 控制器；3—低压燃料管路；4—燃料预燃室液氧阀门；5—液氧放液阀门；
6—燃料放液阀门；7—低压燃料涡轮泵驱动导管；8—低压燃料涡轮泵排液导管；
9—燃烧室冷却阀门；10—低压燃料涡轮泵；11—燃料预燃室液氧输送导管；12—摆动轴承；
13—高压燃料导管；14—主燃料阀门；15—燃料预燃室；16—燃气歧管；17—高压燃料涡轮泵；
18—喷注器；19—氧化剂预燃室；20—高压氧化剂涡轮泵；21—主燃烧室；22—喷管；
23—主氧化剂阀门；24—高压液氧导管；25—低压氧化剂导管；26—低压氧化剂涡轮泵；
27—氧化剂预燃室氧化剂阀门；28—氧化剂预燃室氧化剂输送导管；29—气动控制装置；
30—燃气歧管冷却导管；31—低压氧化剂涡轮泵涡轮驱动导管

图 2-6　SSME 结构

实战案例

1983 年 9 月 27 日，苏联"联盟"号运载火箭在拜科努尔发射场发射"联盟"号飞船，宇航员季托夫与斯特科洛夫提前 2.5h 进入飞船，准备替换"礼炮"7 号空间站上的宇航员。

凌晨 1 时 37 分，火箭一级点火，故障检测系统发出报警信息，指出一级推进剂输送管路一个阀门故障。90s 后，伴随一声巨响，装有 200t 推进剂的火箭猛烈燃烧，宇航员面临灭顶之灾。宇航员所在的飞船具备逃逸能力，但此时通向飞船的通信线路已被烧坏，宇航员无法自己启动发射失效程序。地面控制室安全员使用辅助无线电指令，启动了失效程序。逃逸塔内固体火箭发动机点火，此时火焰已经到达了飞船整流罩顶部。

飞船脱离火箭 6s 后，火箭爆炸。两名宇航员升到 950m 高空，依靠降落伞在离发射台 4000m 的地方着陆，死里逃生。这是载人航天史上首次使用逃逸系统，期间宇航员承受了 17g 的过载[3]。

实战案例

1999 年 7 月 23 日，美国"哥伦比亚"号航天飞机起飞仅 5s，航天飞机首位女指令长柯林斯向地面报告，机上警示灯亮起，提示航天飞机主电路故障。总线电压降低，使得 3 台发动机中 2 台控制器失灵。地面准备通过主机发出指令，使用备用电源总线完成控制。随后，又发现 3 号主发动机液氢泄漏，幸运的是每秒仅泄漏 2kg。最终，"哥伦比亚"号距离预定轨道仅几千米处返航。

事后事故调查发现，3 号主发动机氢泄漏是由于发动机内壁里的 1000 条用于再生冷却（推进剂在进入燃烧室燃烧之前，先流过燃烧室和喷管周围的冷却通道，对喷管和推力室进行换热降温，再返回燃烧室进行喷入燃烧的冷却方式，如图 2-7 所示）的薄管有 3 条出现了裂缝，而出现裂缝的原因是修理喷嘴的过程中，一个 2cm 长的钉子作为多余物留在了发动机中，发动机启动时，钉子喷出，撞在了喷管壁上。

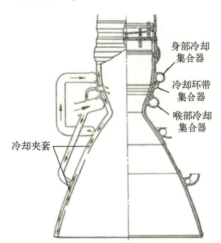

图 2-7　再生冷却

> 实战原则：多余物控制是航天任务的永恒主题

在航天领域，微小瑕疵引起严重后果的情况屡见不鲜。多余物的控制是航天测试发射质量控制过程中的永恒难题，一直受到高度重视。

> 实战原则：如果故障可能发生，那么它总会发生

墨菲定律在航天领域的一种体现，无论多么细小的问题，都不能存有侥幸心理。这条定律还可以有这么一个加强版：如果故障有可能发生，无论概率有

多小，它总会发生，并引起最大可能的损失。

3）发动机预冷好

发动机预冷，即预先冷却发动机，使其具备点火条件。现役多数液体运载火箭采用泵压循环的方式。泵压循环的核心部件就是涡轮泵。由一个涡轮和一个或多个泵组成的部件，用于提高流动推进剂的压力和流速。涡轮泵是一种高精度的旋转机械，承受很大的温度梯度和压力变化。通常紧靠推力室布置，是发动机舱噪声和振动的主要来源。涡轮泵可以分为齿轮式传动（早期使用）和同轴式直接传动，同轴式又分为单涡轮单泵和单涡轮多级泵等种类。

涡轮泵的性能受气蚀的限制，具体来说，离心泵设计必须避免气蚀的发生。

液体汽化的条件是液面静压力小于其饱和蒸汽压，而液体饱和蒸汽压指密闭条件一定温度下，物质气液相平衡的压力，即物质气态和液体间分子热运动达到平衡时的压力。比如100℃条件下，水的饱和蒸汽压为1个大气压。也就是说，要使1个大气压下100℃的水汽化沸腾，有两个办法，一是继续加热，使水的温度持续增加，此时高于100℃的水饱和蒸汽压降低，液面压力还是1个大气压时，水沸腾；另一个办法是降低水面压力，此时水仍是100℃，但液面静压力小于1个大气压，水同样汽化沸腾。

如图2-8所示，液体涡轮高速旋转的过程中，靠近轴承部位会产生低压区，低压小于液体饱和蒸汽压时，液体汽化沸腾产生气泡，气泡随着液体离心流动，至涡轮叶片离线部位（如边缘）时，又因压力迅速增大而急剧冷凝，会使液体以很大的速度从周围冲向气泡中心，气泡迅速崩溃、破裂、坍塌，这种冲击又会击破周围气泡，相互激发，产生频率很高、瞬时压力很大的冲击，这种现象称为气蚀。

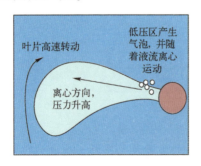
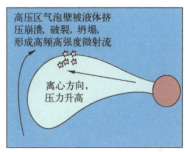

图2-8 气蚀形成示意

气蚀会造成涡轮泵稳定性下降，甚至失速，并对涡轮叶片造成损坏。因此，在发动机点火启动前，需要进行发动机预冷，射前发动机必须满足预冷好的条件。

实战案例

1999年11月15日，日本使用H-2火箭发射MTSAT卫星。火箭点火起飞后，一级提前了107s关机，火箭滑行了一段时间后，一、二级分离，二级点火，但无法追回速度损失，最终火箭解体。事故调查发现第一级火箭氢气泄漏，并且提前耗尽。

2000年，日本水下图像探测仪在海底找到了第一级火箭的残骸，将12t的LE-7发动机打捞上来后，送往东京国家航天实验室。

实验室分析得出了惊人的结论，发动机涡轮泵导流轮3个叶片中有一个折断，并且不是由于叶片的生产问题，而是使用过程中疲劳性断裂，造成这种断裂的原因就是当时还没有引起高度重视的气蚀。

在LE-7发动机研制过程中，曾观察到气蚀现象，但工程人员认为叶片强度足以抵抗气蚀，事实证明，这显然是一种误判。叶轮结构的气蚀可能造成严重的后果，如图2-9所示。

图2-9 叶轮气蚀示意

> 实战原则：不要轻易放过故障树的每一支

基于自负或无知，都可能造成误判。事实上，航天领域很多结论，确实难以完全执行"大样本随机双盲对照实验"这类科学原则，但小心求证仍是严谨科学精神所倡导的，对任何决定性的结论，应力求严密有效。

实战案例

2018年，美国使用"德尔它"4H火箭发射"帕克"太阳探测器，8月11日在执行发射程序至-7min时发射暂停。由于火箭燃料管温度降不下来，无法达到预冷条件,推迟到 16:28。倒计时再次来到 1:55 时又暂停,因为氦气红色压力报警,推迟到 12 日 15:31 发射。最终于 12 日 15:31 发射,任务成功。

实战案例

2016 年 2 月,美国 SpaceX 公司原定于 24 日 18:46,在卡纳维拉尔角发射卢森堡通信卫星 SES9,但由于大风和龙卷风的原因,发射连续推迟 2 次,发射时间来到 2 月 29 日 7:46,在发射倒计时过程中,一艘船闯入了发射禁区水域,发射被迫暂停。

在该船驶离相关区域后,发射倒计时恢复,但因为等待时间过久,液氧升温,造成点火后发动机推力不足,发射团队在火箭点火后紧急关机,取消了这次发射,推迟到 3 月 1 日发射。

3 月 1 日又由于极高空出现了风切变——一种大气现象,是风速在水平和垂直方向上的突然改变,是导致飞行事故的重要原因。再度推迟,最终于第 5 次尝试中发射成功。

➢ 实战原则

故障处置要时时分析影响域

要充分认识发射推迟所造成的影响,技术状态永远是时变的,包括动力系统的温度、压力指标,电气系统的电池容量指标等。

4)贮箱增压好

贮箱增压是动力系统提升发动机泵入口压力的必要手段之一。一方面,一定的贮箱压力有利于推进剂输送,满足流量要求,且避免发动机气蚀;另一方面,一定的贮箱压力有利于维持箭体形态,即维持内压,起到一定的"内压平衡轴压"的作用,确保结构在飞行中不被破坏。在点火发射前,系统必须把贮箱的气枕压力提升到要求范围以内。

实战案例

2015 年 6 月 28 日,美国"猎鹰"9 火箭发射第 7 次国际空间站商业货运补给任务,使用"天龙座"飞船运载了 1800kg 宇航员所需的食物、水和科研载荷等。火箭飞行至 139s,箭体在空中解体。视频中可以看到大量低温液氧泄漏形成白色烟雾。

经过 3 周多的调查,故障原因是二级氧箱中用于固定高压氦气瓶的钢支架(图 2-10),飞行过程中由于过载增加而断裂,导致大量氦气泄漏,使氧箱压力上升,最终破坏氧箱结构,造成飞行失利。该支架是由一家外部供应商提供的，SpaceX 公司因此对支架的设计方案进行了改进，并将支架材料更换为镍基合金。

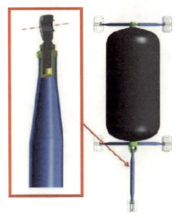

图 2-10 氦气瓶及其支架

2018 年 3 月 12 日，NASA 独立评估小组公布了事故的最终调查结论。报告指出，故障原因并非此前 SpaceX 调查组所给出的复合材料缠绕压力容器（COPV）外购支架制造缺陷，而是 SpaceX 在使用外包零部件时程序不严格导致的失败。包括未选择更严格的宇航级部件，未对工业级部件进行充分的筛选或测试，未考虑制造商 4:1 安全系数的建议等。

➢ 实战原则：外包产品往往容易出现质量问题
➢ 实战原则："三老""四严""五不操作"

"三老"，即说老实话，办老实事，做老实人。"四严"，即严格要求，严肃态度，严明纪律，严密组织。"五不操作"任务不明不操作、设备故障不操作、准备不好不操作、口令不清不操作、协调不好不操作。

3 电气系统条件

箭上电气系统主要包括控制系统和测量系统。控制系统是火箭的大脑和神经系统，其主要任务是控制运载火箭将有效载荷送入预定轨道，确保入轨的精度满足要求。

通常，运载火箭箭上飞行控制系统可分为总线系统、制导系统、姿控系统、电源供配电系统、时序控制系统、增压利用系统等六大系统。不同运载火箭的具体子系统划分不同。控制系统的单机设备一般由惯性测量设备、箭载计算机、综合控制器、伺服系统（包括伺服机构和伺服控制器）、供配电设备（包括电池及配电器）和箭上电缆网等组成，如图 2-11 所示。

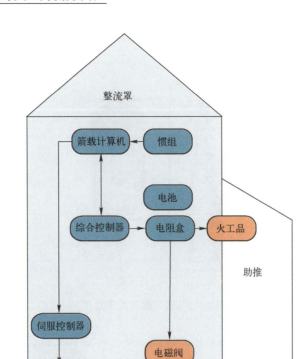

图 2-11　控制系统主要单机组成

测量系统则主要负责火箭各类物理参数和数据信息的采集、处理、传递，并和地面测控系统一起，完成飞行中的箭地通信。在火箭研制、测试和飞行过程中，研究人员需要获得环境、电量、非电量、飞行速度、位置等数据，因此需要设计测量系统，并进行测控系统的地面布站。

从任务内容划分，箭上测量和地面测控系统的子系统分为三个方面：一是遥测，指火箭内参数的测量及信息传输，即箭上设备的工作参数、箭体环境、压力、液位等；二是外弹道测量，即测量火箭的飞行位置和速度等弹道信息；三是火箭的安全自毁控制，对于箭上测量系统称其为箭上安控，测控系统称为地面安控。

在研制的各阶段，箭上电气系统都经过了大量的仿真和试验验证，且电气系统比较容易在实验室搭建试验环境，大部分设备都不需要进行专门的测试，而早已安装在火箭上并随火箭一同进发射场。需要增加测试的单元设备一般是平台、惯组、速率陀螺等与地理位置和时间相关的设备，以及部分历史上可靠性不高的设备,如伺服机构;还有就是飞行软件,在射前,它需根据不同的载荷、推进剂加注情况以及气象状况进行适应性改进,之后还需进行仿真测试及评测,最后才能装订上箭使用;还有就是安全控制系统的爆炸器等危险部件,需在加注发射前安装。

由此可知,开展发射场测试前,控制系统的所有分系统和设备都已经过严格的测试。发射场测试发射出问题的可能是设备的可靠性或质量问题。工厂测试未覆盖发射场的主要是低温火箭加注后的环境变化以及火箭垂直起竖带来的,如漏电、电缆插头处芯线断裂等,这方面需引起注意。

1)绝缘阻值满足要求

在发射区,特别是加注发射时,箭体周围环境最为恶劣。相较而言,技术区有封闭式的测试厂房,运载火箭处于较好的测试环境中,而发射区空间则比较开放,发射日当天,随着发射流程推进,火箭与外界环境直接接触,并且箭上加注推进剂,特别是低温推进剂,对箭体周围的温度影响较大。

同时,由于推进剂加注增重,箭体会发生一定的形变,对箭上电缆网和单机的绝缘性能将造成不良影响。若箭上母线及单机漏电,将影响电气系统的正常功能。

实战案例

1998年8月12日,美国最后一枚 Titan IVA 火箭点火升空,用以发射美国国家侦察局水星信号情报卫星。飞行39.4s,火箭制导系统供电发生突变而中断,使得制导系统失去水平姿态。后供电恢复,但制导系统错误地进入了姿态修正阶段,使得火箭在41.3s时触发了安全自毁。

调查发现,火箭芯二级电气线路存在故障,绝缘体受到腐蚀而短路,最终导致10亿美元的巨大损失。

2)飞行软件状态及参数装订合格

推进剂加注后,由于增重和推进剂温度影响,箭体会发生一定的形变。因此,一般在推进剂加注前后进行最后一次瞄准,瞄准后将瞄准信息诸元传递给控制系统,用以修正火箭的方位偏差,减少制导误差。

同时,运载火箭的飞行由控制系统进行控制,其核心单机为箭载计算机。箭机中运行的飞行程序,是飞行控制规律、参数算法的集合。因此,飞行程序对于运载火箭的飞行至关重要。对于给定型号运载火箭,由于有效载荷要求不同、轨道不同、质量不同、射向不同等,其飞行程序及诸元,都不尽相同。因此,确保射前上传正确的飞行程序十分必要。在上传完成后,还要进行下传比对,确认版本一致。

实战案例

1996年6月4日,"阿里安"5火箭首飞,起飞30s后突然下落,火箭解体,最终火箭自毁,如图2-12所示。

图2-12 "阿里安"5火箭首飞自毁

事后分析发现灾难性事故的原因来自于软件沿用。"阿里安"5早期研发过程中,为了降低费用,决定尽可能多地使用"阿里安"4的部件,尤其是惯性基准系统这种已经得到充分考核验证可靠的系统。然而错误便来自于惯性基准系统软件。

"阿里安"4火箭在倒计时时,最后1min将重置惯性基准数据,这一功能虽然对"阿里安"5火箭没用,但却执行了。这种沿用所带来的偏差,导致"阿里安"5火箭的制导和姿态数据全部被重置而丢失。

同时,由于"阿里安"5火箭起飞加速快于"阿里安"4,导致制导计算过程中出现了数据溢出,超过了原"阿里安"4火箭的处理范围,最终软件崩溃。制导软件崩溃造成系统发出了超出发动机摆角范围的指令。事故原因的调查提出了多达40项改进建议,主要针对软件的安全设计和验证。

> 实战原则:坚持具体问题具体分析

沿用要慎重!沿用要慎重!沿用要慎重!这是技术状态控制的常见盲区,即使软硬件状态没变,但对象变了、地点变了、环境变了,等等,在这些条件下,是否可以直接沿用,仍需详细论证。

实战案例

2013年8月27日,日本"埃普西隆"火箭发射倒数19s火箭姿态出了问题，发射自动取消。"埃普西隆"全长24.4m、直径2.6m的小型三级火箭，采用人工智能技术，可自动完成发射前的检查工作。

经分析认为，发射中止的原因是箭载计算机数据传送到地面控制中心存在0.07s的时间差。由于数据传输存在传输时间差，火箭正常的姿态信息未能及时传输到地面，导致发射系统做出了姿态异常的判断。

➤ 实战原则：统一时标是基础

3）箭上单机功能正常

射前功能检查，指加注发射日电气系统对单机设备功能做最后确认的测试工作。射前功能检查中主要进行单机状态确认等操作，不同火箭型号测试思路略有不同，因此射前功能检查的项目不同。通常，将对姿控系统各回路指令响应情况、总线系统各单机状态和组合导航各单机状态进行测试，确保单机功能正常。

实战案例

2004年12月21日，已经推迟了多次的"德尔它"4重型运载火箭在卡纳维拉尔角发射场点火起飞。飞行过程中由于液氧输送系统出现了流体气穴现象（空化），推进剂耗尽传感器刚好置于气穴处（图2-13），发出了耗尽信号，导致箭机误判推进剂已耗尽，从而通用芯级所有3台主发动机提前8s关机。迫使二级火箭飞行时间延长，最终推进剂耗尽，并未将它携带的6.5t重演示验证卫星送入地球静止轨道。

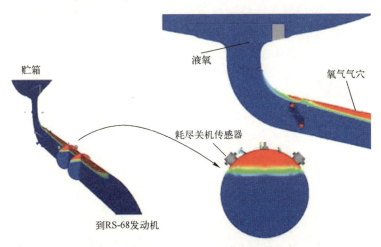

图2-13 "德尔它"4火箭首飞误耗尽关机示意

➤ 实战原则：设计不到试验到

测试覆盖性必须坚持"四不到四到"原则：设计不到试验到、试验不到工程分析到、工程分析不到工艺保证到、工艺保证不到人员保证到。对于低温液体流动，有很多尚未认识的规律，任何技术变化都要争取能试验验证。

实战案例

2019年2月31日，俄罗斯使用"联盟"号2-1B火箭发射埃及卫星，从拜科努尔发射场点火发射，飞行过程中，火箭的三级出现异常，导致"弗雷盖特"上面级与火箭分离时，近地点高度低了57km。上面级通过自身的机动能力，校正入轨误差，成功将卫星送入预定轨道。

经调查，此次故障是由人为因素导致。在火箭发射前，发射场人员将氧化剂与燃料的加注液位传感器设置错误，导致飞行中三子级氧化剂提前用完，终致使发动机提前关机。

➢ 实战原则：加强极性检查

火箭上有很多对称的系统或设备，如控制系统的俯仰、偏航、滚动通道，测量系统各种传感器，动力各分机的点火器、氧化剂/燃烧剂液位系统，等等，这些设备容易装错，造成误操作、误状态。因此，需加强极性检查，确保状态受控。

4）地面测发控系统准备好

地面测发控系统包括控制台（控制计算机）、数据处理计算机、数据服务器、地面电源、电源控制组合、发控转接组合、PLC（Programmable Logic Controller，可编程逻辑控制器）控制组合、箭地信息检测分析系统等组成。主要用于对运载火箭进行测试，并执行转电、点火等关键操作。在运载火箭点火前，地面测发控系统需具备点火条件。

实战案例

2017年10月12日，俄罗斯使用"联盟"号运载火箭发射"进步"号货运飞船，加注发射过程中，由于电气系统插头分离失败，箭上转电动作无法完成，无法转电切换为内部电源，发射推迟。最终，火箭于10月14日发射成功。

5）火箭垂直度调整（垂调）和瞄准好

运载火箭在点火前需要准确的水平面垂直度调整和方位角度的瞄准信息，这些信息是运载火箭箭上制导系统所必需的。不同运载火箭垂调和瞄准方式不尽相同，但这些信息都必须在射前准确获取。

> **实战案例**

2021年1月16日，美国公司（Rocket Lab）在新西兰公司 Launch Complex1 的发射台上，用"电子"火箭发射卫星，原计划 15：41 发射，之后由于位于发动机机架上，用来测量水平度的水平测量仪（如图 2-14 所示）传回了一些奇怪的数据，需要进一步查明原因，在发射前 10min 取消发射。最后推迟到 2021 年 1 月 20 日发射。

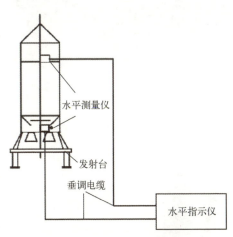

图 2-14 水平度测量系统示意

4 发射支持系统条件

发射支持系统条件，包括发射平台的各类机构已打开等。发射支持系统是对运载火箭发射起辅助支持作用的系统，包括保障射前操作的工作平台，保障连接器连接的摆杆、支撑臂等，保障运载火箭方位瞄准的外部瞄准设备和垂直度调整设备（垂直度调整信息将传递至运载火箭控制系统），保障环境的空调或舱段吹除系统等，不同运载火箭发射支持系统设置略有差异。

发射台是发射支持系统的主要设备，主要用于垂直支撑火箭箭体、调整火箭的垂直度、调整火箭发射方位、安装或固定火箭的相关附件、使燃气流通畅地进入导流槽。发射台可以分为固定式发射台（图 2-15）和移动式活动发射台（图 2-16），部分活动发射平台还有脐带塔、摆杆等设备设施。

发射支持系统在临近点火时段工作已经较少，保障工作的平台在人员撤离后均已打开。一般来说，用于电液连接器支撑的摆杆最后一个摆开，其工作可靠性要求高，需予以重点关注。在点火前，需确认发射支持系统设备不干涉火箭起飞。

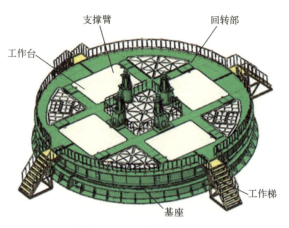

图 2-15　固定式发射台

图 2-16　活动式发射台（土星 5 和航天飞机）

实战案例

2018 年，美国使用"德尔它"4 火箭发射 NROL-47 卫星。11 月 11 日，由于范登堡基地高空风过大而推迟 1 天。12 日，在射前程序中先是由于其他各种故障推迟了 55min，后出现了摆杆故障，排故工作一直持续到了 4h 窗口的最后 1min 也未能完成，最终任务继续推迟 24h 发射。火箭于 1 月 13 日发射成功。

> **实战案例**

1959年8月14日,在大西洋导弹靶场19号阵地进行"大力神"B-5飞行试验时,由于设计缺陷,牵制释放机构的爆炸螺栓在预定的系留牵制时间之前起爆。此时,由于发动机推力已超过起飞质量,导弹升空,但由于控制系统尚未接收到起飞信号,该火箭升高1.2~1.6m后,紧急关机,火箭坠落在发射台上爆炸。

➢ 实战原则:确保可靠动作和可靠不误动作,二者同等重要

第2节 航天器系统最低发射条件

卫星、飞船、空间站、深空探测器统称为航天器,一般由载荷分系统(如 SAR(合成孔径雷达,Synthetic Aperture Radar)天线、相机等)、数传分系统、结构与机构分系统、热控分系统、综合电子分系统、供配电系统、控制与推进分系统和测控分系统等组成。航天器系统最低发射条件与其工程任务的目标密切相关,因此各有不同。航天器系统最低发射条件主要包括:

(1)飞行动力条件。包括推进剂加注好(通常航天器的推进剂在测试过程中早已加注完成),推进剂管路压力、气瓶等参数正常等;

(2)供电温控条件。包括航天器正常运转所必需的蓄电池、温控系统热敏电阻等关键器件,关键的加热回路,太阳翼的状态等;

(3)有效载荷条件。即根据工程任务目标,关键有效载荷的参数需满足要求。如高分辨率的成像相机、深空探测车等。

1 飞行动力条件

航天器系统的飞行动力关系到航天器入轨变轨、深空机动、姿态控制(图2-17)或实现其他功能动作的能力,也决定了航天器的寿命,至关重要。通常,航天器在任务测试过程中已加注推进剂,无须在射前程序中进行航天器推进剂的加注,因此射前主要由航天器系统确认与飞行动力相关的推进剂管路压力、气瓶压力等关键参数即可。

航天器采用的动力方式较为多样,目前,大多数航天器使用的推进剂为单组元或双组元的液体推进剂。

单组元推进剂通过自身分解或燃烧提供能量。常用的如无水肼,理论比冲2646 Ns/kg,在催化剂作用下分解为氨气、氮气、氢气的混合物;其催化剂的质量状态,决定了推进剂系统的寿命。过氧化氢比冲为无水肼的70%,分解为

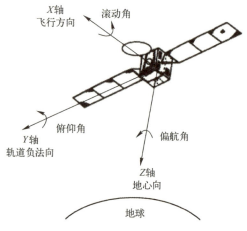

图 2-17 卫星的姿态控制

氧气和水，在早期卫星姿控中使用。

双组元推进剂与火箭类似。卫星上常用的包括绿色四氧化二氮和一甲基肼，四氧化二氮和偏二甲肼，液氢和液氧，液氟和肼等。绿色四氧化二氮（MON-1）和甲基肼（MMH）理论比冲达 2965Ns/kg，北斗卫星、鑫诺通信卫星、嫦娥探测器、空间站航天器等，均使用这种推进剂。

实战案例

1971 年 11 月 14 日，NASA 发射的"水手"9 号火星探测器称为人类第一个进入火星周围轨道的航天器，但它已经耗尽了用于姿态控制的氮气。

事实上，大约发射一年前，就有科研人员提出航天器可能会耗尽姿态控制气体，因此提出将姿态系统和推进剂贮箱相连，从而形成冗余。然而由于该项改造费用高达 3 万美元，该项意见未被采纳。因为缺乏足够的姿态控制能力，探测器至少减寿一年，代价是价值 1.5 亿美元的科学设备难以在更长的时段内发挥作用。

项目组 Carl Sagan 事后提到，"如果能够确知氮气会耗尽，我几乎能肯定，所有参与'水手'9 号研制的人员，会宁肯自掏腰包凑够这 3 万美元。"[4]

➢ 实战原则：质量至上，过分强调经济性可能因小失大，得不偿失
➢ 实战原则：坚持"双想"、落实"双想"

"双想"是航天人执行任务的一个法宝，基本内容是预想和回想，就是想想昨天做的事，再想想明天要做的事。在 1985 年，原航天部印发的《航天工业部型号飞行试验工作条例》中明确提出，"根据试验工作的进展情况，及时开展'两想'（回想、预想）活动，查漏补缺，采取预防措施"。重视和解决双想提出的问题很重要，要想到，要落实。

> **实战案例**

1958年1月31日，美国从卡纳维拉尔角发射场使用由Jupiter-C导弹改装而成的导弹发射了"探险者"1号卫星，该卫星是美国发射的第一颗人造地球卫星，并在后来因为发现了范艾伦带（Van Allen Radiation Belts，绕地球高能粒子辐射带，其纬度范围为南北纬40°~50°之间，内带1500~5000km，外带为13000~20000km，其主要来源是地球捕获的太阳风粒子，范艾伦带的内辐射带粒子较多，对航天器和宇航员伤害较大，如图2-18所示）而出名。由于卫星上大部分设备由美国爱德华大学的詹姆斯·范艾伦教授提供而命名，事实上苏联的维尔诺夫利用"人造卫星"2号更早地发现了这个辐射带，但由于保密要求，错失了宣布的机会。

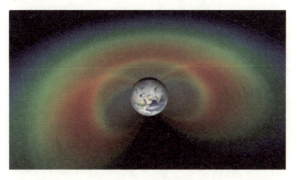

图2-18 范艾伦带

"探险者"1号卫星采用自旋稳定方式，这种稳定方式要求卫星沿自身的旋转轴进行旋转，并保持旋转轴在一个固定的方向。而进入轨道后，"探险者"1号无线电信号显示，卫星正沿垂直于旋转轴的另一个轴旋转，并非设计状态。

分析发现，由于卫星设计了中部对称安装的4根鞭状天线，使得卫星的最大惯性动力旋转轴并非原定的自旋稳定轴，而是垂直于自旋稳定轴方向，而受到地球磁场、太阳辐射压力等综合影响，卫星围绕最大惯性动量轴旋转，从而使自身能力趋向最小状态。

➢ 实战原则：坚持系统工程理念，单一系统功能的实现一定要放在大系统统一框架下进行考虑

2 供电温控条件

航天器供电温控条件是航天器正常工作的关键。供电设备主要包括各类蓄

电池和太阳电池翼等,电池在发射场测试期间开展单元测试和充放电测试,太阳翼则根据情况开展展开、光照等实验。

目前,长寿命卫星都普遍采用太阳能电池,因为这种电池是利用半导体材料的光电效应将太阳能转换成电能,可以工作几年甚至几十年。太阳能电池供电有一个首要条件,就是电池片必须在太阳光的照射下,这就要求卫星的轨道和姿态保证电池帆板能够受到阳光照射时间最长,照射面积最大。

太阳翼由多个电池板组成,如图 2-19 所示。从航天器发射到入轨,太阳翼经历折叠、解锁、展开、锁定等阶段,太阳翼展开是航天器正常工作的关键动作。若展开失败,则航天器工作电能不足,造成航天器失效,影响巨大。

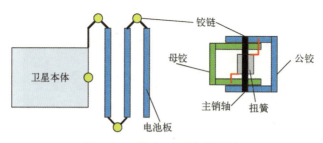

图 2-19 典型太阳翼折叠结构

温控设备包括被动温控和主动温控的各类设备、加热回路,以及用于温度控制判断的热敏电阻等敏感器件。航天器在轨道上运行时,要经历高温差环境,且航天器工作时间相对较长,因此,航天器结构、仪器设备或所载载荷需要温度控制,或称热控。如有些红外传感器需要在超低温环境下工作,大功率行波管要散热等。

实战案例

1969 年,美国"水手"7 号(Mariner 7)探测器到达火星的前几天,与地面通信中断达 7h,后续通信发现卫星丢失了 15 个遥测通路,且其他通路也出现了信息错误。核实轨道发现其运行轨道发生扁折,8 月 5 日到达的最近点偏离了 130km,起初科研人员认为是受到了流星体的撞击,但后来发现探测器的银锌电池发生了爆炸,使不少电子部件短路,并将探测器推离了既定轨道。

3 有效载荷条件

航天器有效载荷多种多样,相关最低发射条件差异较大。对于遥感类卫星，其遥感器件，如光学镜头等性能参数至关重要。对于载人任务，则需要检测食品、气体，甚至微生物采样状态。对于特殊的科学实验载荷，如太空望远镜、各种力学设备、光学设备等，最低发射条件则难以尽述。

航天器在射前程序中测试操作较少，由于在测试任务前期已加注推进剂，通常无须在射前程序中加注推进剂，本身在整流罩内，环境保障条件比运载火箭好很多，同时也不具备开展各类操作的条件，因此仅进行简单的电测，测试完成后由地面供电转航天器供电，即具备了发射的条件。

实战案例

1989 年，NASA 发射了一颗名为"伽利略"号的探测器。1991 年 4 月 11 日，当控制中心向"伽利略"号发送打开主天线的指令，却发现主天线并没有完全打开。

原来，在"伽利略"号发射升空之前，在地面上经历了数次运输和测试。在这些过程中，覆盖在几根骨架上的润滑物质和氧化层过早地磨损。进入太空后，有 3 根骨架和其他金属部件在"冷焊"的作用下被黏结到了一起，因此无法打开天线。这颗耗资十几亿美元，从开始设计到预计任务结束耗时 25 年的探测器就这样变成一块太空垃圾。

实战案例

2018 年 12 月，美国 SpaceX 公司采用"猎鹰"9 火箭发射为国际空间站补给的货运飞船（龙飞船载货状态），任务代号 CRS-16。静态点火完成后，预定 12 月 05 日 2:38 发射，但由于搭载的鼠粮发霉需要更换，发射推迟一天，最终于 6 日发射成功。

➢ 实战原则：细节决定成败

实战案例

2017 年 11 月 28 日，俄罗斯"联盟"号 2-1B/"弗雷盖特"M 火箭，搭载俄罗斯流星气象卫星和 18 颗微小卫星从东方发射场点火起飞，10min 后上面级和搭载的卫星与火箭二级分离，但此后上面级和卫星飞行出现异常，卫星最终没有出现在预定目标轨道，发射任务失败。

事后调查发现，此次发射失败是人为因素所致，上面级制导参数实际上是按从拜科努尔发射场发射来设置的，而非按本次发射的东方航天发射中心来设置，指出"相关工作人员根本没有设定正确的坐标"。这证实了俄航天官员在发射失败数日后对外界透露的怀疑，即"弗雷盖特"上面级的制导计算机程序有误，导致上面级进行了一次不必要的翻转，进而导致上升段入轨所需的点火姿态建立有误。
> 实战原则：沿用要慎重！沿用要慎重！沿用要慎重！
> 实战原则：二岗制度，关键参数应多人确认

实战案例

1970 年 4 月 13 日，美国发射了"阿波罗"13 号飞船，开展月球探测任务。在飞往月球的过程中，距离地球 321860km 时，已经飞行了 56h，"阿波罗"飞船的服务舱（"阿波罗"飞船由指挥舱、服务舱和登月舱组成，如图 2-20 所示）二号氧气罐发生爆炸，任务立即取消。

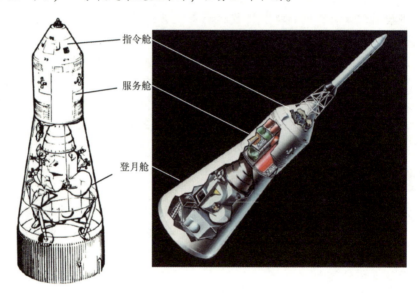

图 2-20 "阿波罗"飞船结构

爆炸殃及另外一个氧气罐，飞船的服务舱和指挥舱完全失去了 2 个氧气罐中的氧气，且指挥舱中供返回地球使用的电池仅可继续使用约 10h。

同时，飞船的推进系统位于发生爆炸的服务舱尾部，由于损害情况不明，为避免再次爆炸风险，指挥中心决策利用月球引力返航，并使用本来用于降落月球的火箭进行轨道修正，从而进入月球弹弓效应轨道。

服务舱失去氧气，宇航员必须乘坐登月舱返回。而登月舱本来设计是用于 2 人使用（如同"阿波罗"11 号，2 人登月，1 人在环月轨道上等待，是"阿波罗"飞船的任务模式），因此登月舱上使用的二氧化碳过滤器不满足 3 人使用要求。地面指挥指导宇航员使用飞船上的工具拼装，现场制造了多个过滤

器，从而降低登月舱二氧化碳浓度，如图 2-21 所示。

图 2-21　地面指挥团队临时搭建的二氧化碳过滤器

最终，3 名宇航员成功返回地球。

➢ 实战原则：要提高基于知识的故障处置能力

一般来说，我们要竭尽可能进行双想，希望能够找出所有的故障模式，并制定有效的预案。但现实是，故障多种多样，往往我们想到的故障，它一般不会发生，而发生的故障，往往又是我们没有想到的，自然没有准备预案。对于没有预案的故障，我们要加强团队知识的培训，提高团队处置突发情况的应急处置能力。

第 3 节　发射场系统最低发射条件

发射场是为运载火箭和航天器装配、测试、加注、发射、弹道测量与安全控制、测量信息接收与处理及相应勤务保障等地面设施设备的总称。其主要任务是为运载火箭、航天器提供发射场测试操作支持保障和实施发射，并提供通信、气象、计量、消防等各类勤务保障和任务支持[5]。图 2-22 和图 2-23 分别为肯尼迪航天发射中心 39 号发射场和日本种子岛发射场大崎发射区布局。

发射场系统是执行航天发射任务的综合体，任务进入到加注发射阶段，前期的总装测试支持和技术条件保障工作均已完成。对于发射场的地面系统而言，发射程序内分系统的最低发射条件主要包括：

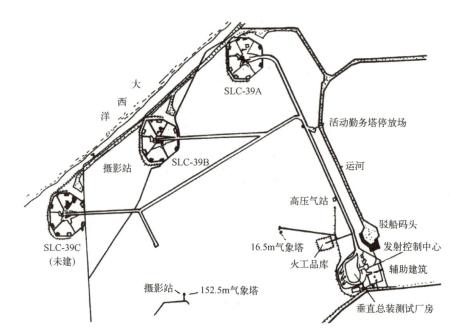

图 2-22　肯尼迪航天发射中心 39 号发射场布局

图 2-23　日本种子岛发射场大崎发射区整体布局

（1）加注供气条件。加注和供气系统对于完成运载火箭加注发射至关重要，需要满足推进剂加注和箭上的用气要求；

（2）勤务保障条件。包括关键的供电线路工作正常，相应的关键发射支持设备工作正常，如塔架的回转平台已经打开等。

1 加注供气条件

加注系统为火箭射前加注推进剂，是火箭的动力之源，地位至关重要。发射场加注系统的配置需要满足火箭推进剂的加注需求。

运载火箭对推进剂加注系统的具体指标要求主要包括：

1）加注量

包括基本加注量和补加量等，加注量由火箭系统根据不同任务目标，经过精确弹道计算确定。

在加注过程中，各类推进剂加注定量方式不同：如煤油推进剂，地面加注系统流量计较为准确，且加入贮箱后蒸发量等损耗较少，则提前加注且使用箭上基准液位和地面定量补加方式；液氢液氧等低温推进剂，由于高精度流量计实现难度较大，且加注过程中推进剂随时蒸发消耗，则以箭上液位计定量为主。

2）推进剂品质

推进剂品质参数众多，包括各类物质的含量，如含水、含硫等，这类物质含量指标，通常靠生产、转注等环节工艺控制，并通过采样化验进行验证，射前工艺中则依靠箭地系统中的多道过滤器保障。

射前程序中关注的推进剂品质，则主要侧重于推进剂温度的控制，在调温、加注时间和流量等控制上，确保温度满足运载火箭的要求。

3）加注时间

运载火箭提出加注量和品质的要求，加注系统按照设计的工艺流程，系统能够达到的加注流量，在一定时间内完成推进剂加注。

> **实战案例**

2020年11月5日，美国利用AtlasV531发射NROL-101。地面的一个阀门出现问题，无法对一级加注液氧，倒计时于发射前1h 47min暂停。技术人员在地面液氧储存区抢修花费了较多时间，无法在第一窗口内发射，官方决定推迟48h发射，最终该火箭推迟到了2020年11月14日成功发射。

> **实战案例**

2018年12月20日，美国在加州范登堡空军基地SLC-6用"德尔它"4H

执行 NROL-71 任务，在前期的测试中，发射前 12min 检查显示氢气外泄，地面人员为检查和修复氢气泄漏的问题消耗了大量时间，超过了发射窗口，发射中止。

> 实战原则：应急处置的时效性原则

处置的时效性与有效性同等重要，对人员的科学训练和预案处置演练，明确预案处置所需的时间，是射前处置的重要依据。

供气系统主要供应运载火箭和发射场系统的洁净空气、氮气、氦气、氧气等。对于箭上的用气，主要分为两类：一是箭上气瓶用气，即充气至气瓶，在飞行过程中用于增压和阀门控制等；二是各种功能性用气，如发动机系统吹除用气、隔离用气和舱段的吹除用气，不同用途气体的种类和压力等级不同。

供气系统在射前关键时段，特别是低温加注后，必须保障特定气体的有效供应，以确保满足火箭测试安全和飞行过程中的气体足量。

2　勤务保障条件

发射场需满足运载火箭测试发射的大量勤务保障要求，其系统主要包括塔架勤务、空调、供电、供水消防等系统。勤务保障系统在射前必须满足火箭正常测试操作的各类必要条件保障要求。主要包括：

1) 勤务塔状态满足点火发射要求

不同运载火箭测试发射要求不同，火箭在发射工位上使用固定勤务塔、移动式勤务塔，有的火箭则不需要勤务塔保障其发射。使用勤务塔的运载火箭，在点火发射前，需将勤务塔置于安全位置，且与箭体无干涉，满足火箭在发射工位上升段的起飞漂移需求。

固定式勤务塔较为常见，火箭发射时塔架不移开，这种塔架有一个直立固定的高大塔体，顶部装有起重吊装设备，塔架的两侧装有工作平台和附着式脐带杆。固定式脐带塔也属于此种塔架类型，且专用的脐带塔前面安装有勤务臂（或称水平杆），如图 2-24 所示。俄罗斯"安加拉"系列火箭勤务塔即采用固定式脐带塔。

活动式勤务塔是指当塔架完成发射前的各种勤务工作以后塔架会离开发射点一定的距离，而陪伴着待发火箭的只有简易的脐带塔。因此，活动式发射塔必然有一个自立式或后倒式的脐带塔与之配套使用。图 2-25 为美国卡纳维拉尔角发射场 37B 发射工位的活动勤务塔和固定脐带塔。

后倒式发射塔，常用于捆绑式大型运载火箭或单级中短程运载火箭。单级中短程运载火箭用的后倒式发射塔（或称高空工作台）是一塔多用的设备,既可作为公路运输支架车及火箭起竖机械使用,又可作为勤务工作塔使用。这种塔架的主要组成部分有塔体结构、擒纵臂、支腿、工作平台、爬梯、液压系统和充气式行走机构等,它可以由牵引车拉着在公路上行驶,机动性好。

图 2-24 "安加拉"系列火箭勤务塔

图 2-25 卡角 37B 工位的活动勤务塔和固定脐带塔

后倒式发射塔的质量比较轻,受风载荷的影响比较小,具有较强的抗自然灾害能力。地面上的设备维修比较方便。但设备加工量较大,机构比较复杂,要求航天器必须能够适应整体水平运输。它特别适于以捆绑式为主、横向漂移量较大的大型运载火箭。

目前大型火箭发射工位"联盟"号火箭塔架、SpaceX 塔架均采用后倒式发射,如图 2-26 所示。

图 2-26 "联盟"号火箭勤务塔、SpaceX 脐带塔

实战案例

2020 年 3 月 21 日，美国 AtlasV551 火箭发射任务，由于地面液压控制系统放大器损坏导致发射时间从 2:37，推迟到 4:18 发射。

实战案例

2018 年 01 月 12 日，美国 Delta IVM+（5，2）构型火箭发射任务，先是由于各种故障频发，推迟了 55min，然后连续 2 次发射中止。之后，又因摆杆故障耽误 2h，最后拖到 4h 窗口的最后一分钟，仍未发射成功。最后任务推迟 24h。

2）供电系统满足点火发射要求

航天发射场供配电系统一般包括场级降压变电站、场区中心变电站、区域变电站、低压配电室、配电线路（包括高压配电线路和低压配电线路）和用电设备等。

航天发射场属于一级用电负荷的供电对象，如火箭测试系统、航天器测试系统，推进剂加注控制及电控设备，脐带塔整流罩空调、回转平台、摆杆和消防设备等。上述负荷中，指挥系统、发射系统、加注系统、通信中心设备等不允许瞬间断电，一般应确定为特别重要负荷。对于一级负荷，一般由两个独立的电源供电，其中任一路电源故障，不会影响另一路电源继续供电，每路电源都能独立承担全部一级负荷。这样采用双回路供电，单回路即可完成发射，因此最大发射条件允许一条线路掉电。

实战案例

1993 年 7 月，俄罗斯在拜科努尔航天发射场准备使用"联盟"号运载火箭发射"联盟"TM-17载人飞船，发射前1h，发射场突然断电，发射活动不得不中止。再次尝试时，又从摄像机中发现有一群孩子跑进了发射场，影响了发射场的工作[2]。

> 实战原则：要像抓上天产品研制一样，抓地面设施设备的可靠性

地面设备由于其可维修性，在规划、建设、使用中往往不被重视，造成故障高于飞行产品，导致发射失利。在多年的发射场建设应用中，提炼了6个规律性认识：

（1）要像抓上天产品研制一样，抓地面设施设备的可靠性；
（2）测发专家要能够既懂测发电测又懂测发地面；
（3）要把测发地面人才作为一支专门的人才队伍来建设；
（4）测发地面系统建设时，要避免单点环节；
（5）要箭地一体化设计；
（6）地面设施设备的可靠性要高于、重于、大于设施设备的技术先进性。

> 实战原则：安保工作不是中心工作，但直接影响中心

各国航天发射时，经常有人员、车辆、船只闯入安全控制区，导致推迟乃至取消发射的案例。国内也出现过航天发射失利，致使地面居民伤亡的情况。为了航天发射顺利，必须实施严格的安全管控，确保中心任务圆满。

实战案例

2019年11月23日，欧空局阿里安5火箭发射Inmarsat5F5-TIBA1任务，由于地面设备电力供应异常，导致在点火前20min中止，排查地面设备电力供应异常的原因用了整整4天，最终阿里安5火箭于11月27日发射成功。

第4节 测控通信系统最低发射条件

测控通信系统主要负责各大系统之间的信息通信，包括地面测试发射过程中地面各系统的通信，以及火箭飞行过程中的箭地通信。测控通信系统是大系统间协调和信息传递的桥梁。大系统间同步的必要通信链路应畅通，同时，必要的飞行数据获取测控链路应畅通。一般来说，必要的设备是指保证安控系统正常工作的测量和控制设备，以及提供计算航天器入轨参数所需最少数据源的测量设备。测控通信系统的最低发射条件包括：

（1）关键信息测量和处理设备条件，包括运载火箭的外弹道测量设备、运载火箭和航天器在飞行过程中的遥测信息接收设备，以及对于测控数据实时解算和处理的地面计算机系统条件等。

（2）安控设备条件，包括实施安控的遥控指令设备和地面安控判决设备条件等。

（3）通信链路条件，指核心测控通信设备之间的通信链路应保持畅通。

1 关键信息测量和处理设备条件

在火箭研制、测试和飞行过程中，研究人员需要获得环境、电量、非电量、飞行速度、位置等数据，因此需要设计测量系统，并进行测控系统的地面布站。运载火箭与地面的信息通信，主要由两个系统完成，箭上为测量系统，地面为测控系统，如图 2-27 所示。

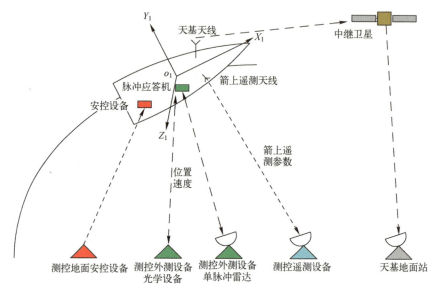

图 2-27　箭上测量和地面测控

箭地信息通信的作用包括：获取地面试验及飞行试验数据，用于评定火箭整体及各部件性能，为火箭设计评价和改进提供依据；为故障分析提供原始数据；测定火箭飞行状态参数及环境参数，提供实时监控显示信息，掌握飞行试验情况并做出相应判决。

同时，测控系统也需满足航天器的测控需求，如入轨时状态的及时判断，或是地面上行的测控指令的执行，都必须保持天地链路的畅通，因此有的任务要求航天器与火箭分离至入轨时刻，地面必须予以测控支持。考虑到国土范围内的发射，航天器入轨时，射程较远，航天器星下点往往已在国土以外较远区域，因此可能需要远洋测控船，或者建设在其他国家的测控站进行保障。

对于不同的发射任务，其测控信息的要求不同，因此测控设备的最低发射条件不同。通常，测控设备具有一定的冗余度，最低发射条件则考虑能够完成运载火箭和航天器测控需要的每个测控弧段内的最小正常工作设备集合即可。

实战案例

2018 年 6 月 23 日，美国"电子"号火箭执行一箭七星发射任务，原定发射时间不早于 8:50，后由于元件需要加温，任务推迟到 10:27，又由于位于查塔姆岛用于接收遥测通信的蝶形天线故障，倒计时于射前 23min 中止，故障处置最终超出了当日发射窗口限制，任务推迟到 6 月 25 日。

6 月 25 日，由于天气原因再推迟至 27 日。

6 月 27 日，由于电动机控制器问题，发射取消，电动机控制器修改好后进行了验证，推迟至 11 月。

最终于 11 月 11 日窗口准时发射成功。

实战案例

2018 年 9 月 9 日，日本使用 H-2B 火箭发射 HTV-7（"白鹳"-7）国际空间站货运飞船，由于台风"山竹"影响位于关岛的地面遥测站，测控设备无法工作，任务推迟。

2 安控设备条件

安全控制系统的作用是当运载火箭在飞行中一旦出现故障不能继续飞行时，将其在空中炸毁，避免运载火箭坠落时给地面造成灾难性的危害。

安控系统包括运载火箭上的自毁系统和地面的无线电安全系统两部分。也分别称为"火箭自主安控和地面无线安控"。

测控系统的安控设备属地面安控系统。地面雷达测量运载火箭的飞行轨道，当运载火箭的飞行超出预先规定的安全范围时，如图 2-28 所示，则从地面安控台发出引爆箭上爆炸装置的指令，由箭上的接收机接收后将火箭在空中炸毁。

安控系统是火箭安全的最后一道防线。其逻辑设计需要慎之又慎，既不能误爆，也不能出了情况不爆（漏爆），因此射前必须确保安控设备工作正常。

航天任务准时发射实战

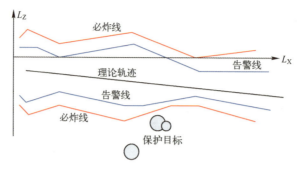

图 2-28　安控范围示意

3　通信链路条件

通信链路的畅通，是确保信息传递和指令有效发出的前提。测控通信系统有其工作的特点，设备站点往往分布较广，有时甚至需要测控船和国外测控站配合完成测控通信任务，各站点间的通信至关重要。在运载火箭加注发射前，测控通信系统必须确保系统内各必保设备之间的通信畅通。

实战案例

2018年12月9日，美国使用德尔它4H发射NROL-71卫星，12:15，距起飞仅7.5s，检测到一级主发动机点火期间异常（传感器故障），于是自动终止了发射。

12月17日，发射因控制中心与发射场之间的通信链路问题而推迟一天。

12月18日，发射因天气原因而取消。

最终，该任务发射推迟到2019年1月20日才顺利升空。

第5节　气象环境最低发射条件

运载火箭发射时对气象环境条件要求较为严格，通常对大气电场、降水情况、浅层风、高空风、温湿度、能见度等条件均有要求。广义上，气象环境的最低发射条件，应包括点火发射时段发射场区的气象条件，以及使必保测控设备能够正常工作的气象条件，即测控站点、测控船的气象条件，如测控设备区域的风力、降雪降水和测量船海域的海况等。

1　降水量与大气电场

降水对运载火箭的影响，主要体现在对电气系统的绝缘性能的影响上。随着工艺技术水平的提高，器件的防水防潮等级提高，相应的手段增多，有时，在小雨或中雨条件下运载火箭仍可发射。但由于降雨一般伴有雷电，或较强的空中电场，因此发射决策仍需谨慎。

通常，由于地球的地表带负电荷，大气带正电荷，因此大气电场方向指向地面。电场强度受时间、地点、天气状况、离地高度等多种因素影响，一般分为晴天电场和扰动天气电场。剧烈的扰动电场，如雷暴、雪暴、尘暴等天气时，大气电场的强度和方向均有明显的不规则变化。

将晴天电场作为大气电场的参考样本，水平方向电场可以忽略不计，场强度随着高度变化而变化，全球陆地平均场强约为 120V/m，海面场强约为 130V/m。恶劣天气时，大气电场的数值和方向均会产生明显的不规则变化，特别是雷雨云下的电场，变化剧烈，称为扰动天气电场。

飞行过程中，火箭和喷焰均为良导体，等效导体长度达 100~200m，易受雷击，产生放电效应，因此大气电场强度是运载火箭发射的气象最低发射条件之一。

实战案例

2022 年 4 月 2 日，美国 SLS 火箭在肯尼迪航天中心 LC-39B 发射工位开展合练工作。发射台处的避雷塔当时 4 次遭到雷击，其中有一次击中了两座避雷塔间的承力索，如图 2-29 所示。在雷击发生时，"猎户座"飞船和太空发射系统的芯极火箭正处于加电状态，而固体火箭助推器和过渡低温推进级未加电。雷击造成火箭的合练工作推迟，经过一系列评估，发射团队认为可以继续测试。

图 2-29　SLS 火箭避雷塔遭雷击

航天任务准时发射实战

> **实战案例**

1969年11月14日,NASA使用"土星"5号运载火箭从美国佛罗里达州肯尼迪航天中心发射"阿波罗"12号载人飞船过程中,宇航员乘坐的飞船在20s内两次被雷击中,如图2-30所示。飞船上很多系统失灵,造成燃料电池与电源总线连接中断。

幸运的是,"土星"5号火箭有独立的电源和导航系统,因此未受到损失。随后,经过地面指令沟通,航天员对飞船燃料电池进行了重启,最终排除了故障,任务神奇地得以继续执行。任务主管卡普炎和格里芬很快以"能在暴风雨中发射的家伙"而闻名。这次任务发射前后均无雷电,仅在火箭飞行过程中遭到雷击。

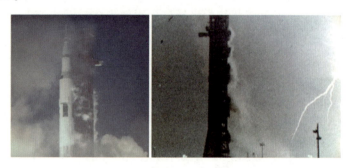

图2-30 "阿波罗"12号发射遭雷击

> **实战案例**

2019年5月27日,俄罗斯"联盟"2-1B火箭升空十余秒后,被雷电击中,如图2-31所示。但雷击并未对火箭造成严重损伤,最终火箭将"格洛纳斯"导航卫星送入预定轨道。

图2-31 "联盟"号发射遭雷击

2 浅层风

太阳照射地球不同的区域,造成冷热不均;冷的地方气压高,热的地方气压低,形成压力梯度;空气从压力高处流向低处,形成风;同时,由于地球自转,以及地面摩擦,大气流动还受到哥氏(科里奥利)力和摩擦力作用。

日常生活中,气象预报中某地风速,指的是地面至 10m 高度的平均风速,10m 高度以内的风速对日常生活而言已经具有较强的指导作用。但我们知道,风速在不同高度是不一样的,针对航天测试发射的应用场景,一般将火箭风压中心高度点一定时间内的平均值称为浅层风平均风速,而瞬时最大风速与平均风速之比称为阵风因子。通常要求平均风速不能过大,同时阵风因子不大于 1.5。

目前世界各国主要现役运载火箭高度大多在 100m 以内,考虑到部分火箭垂直转运过程中的转运装置有一定高度(通常在 20m 以内),并增加部分余量,因此通常将 150m 高度内的平均风速作为浅层风研究对象。

浅层风对火箭结构影响主要体现在垂直转运过程,以及加注发射过程中,在火箭结构上形成有害弯矩。

实战案例

2017 年 9 月 7 日,美国 SpaceX 公司采用"猎鹰"9 火箭(Block4 型),在肯尼迪航天中心 LC-39A 发射台发射美国空军采购的波音 X-37B 可返回式军用航天器,任务代号 OTV-5。临近发射,肯尼迪中心迎来飓风,根据前期天气评估结果,飓风正在靠近,9 月 7 日发射概率为 50%,而 9 月 8 日发射概率仅为 40%,因此,决定在 9 月 7 日发射,任务最终取得了成功。

3 高空风

所谓高空风,广义上指近地面层以上的空气流动。对于运载火箭测试发射而言,通常关注 1000m 以上,高度可达 20000m 的范围,某地高空风示意如图 2-32 所示。重点关注的高度范围,根据具体运载火箭的弹道设计确定。运载火箭飞行过程中,若高空风过大,导致火箭承受的风载荷过大,可能导致飞行失控,甚至解体。

航天任务准时发射实战

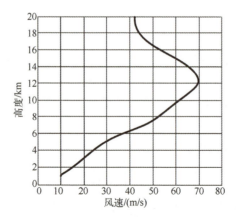

图 2-32　某地高空风速示意

实战案例

1995年1月26日，我国搭载香港亚太二号卫星的长征2号E火箭在起飞后50s爆炸，爆炸后的碎片散落如周围7km的村庄里，如图2-33所示。爆炸发生时，火箭速度达到了超声速，气动压力在最大值附近。事后分析认为，四川南部山区冬季高空风切变速度过大，达到了150km/h，造成了该次发射失利。

图 2-33　亚太二号发射失利

4　其他气象条件

不同的发射场有不同的气象观测预报难点，各检测、监视设备也各不相同，如美国卡纳维拉尔角雷电检测网比较密集，而我国酒泉发射中心雷暴不是气象关注的重点。而不同的任务，运载火箭对气象条件的要求也不尽相同，对于可重复使用的运载火箭，甚至对回收着陆区域的气象条件有要求。

> **实战案例**

2018年是火星探测大年，美国准备发射"洞察号"（InSight）火星探测器，但根据美国空军30联队的评估结论，天气为大雾天气。最终，火箭于5月5日准时发射，在浓雾中发射成功。

> **实战案例**

2020年9月17日，美国SpaceX公司使用"猎鹰"9发射星链卫星，由于回收区（大西洋）的恶劣天气而推迟，马斯克称"这是无人回收船在与海洋斗争中失败的案例"。该公司的无人驾驶回收船在强大的大西洋洋流中无法保持稳定的位置，迫使该公司无限期推迟任务。在无人回收船JRTI的等待工作的时间里，东部海滨仍在感受飓风"萨利"的余波，而飓风"泰迪"也只有几天的路程。因此，"猎鹰"9号助推器的着陆区将遭受30~40mile/h（1mile≈1.6×10^3m）（风速），在飓风"泰迪"的影响下将达到4.5m浪高。

该任务在后续的发射尝试中仍屡屡受挫，9月28日，仍是天气不达标未能发射。10月1日的尝试中，倒计时进行到距起飞还剩18秒时中断，原因是地面传感器读数异常被中止（读数不规律）。

第6节 其他最低发射条件

除与运载火箭测试发射任务直接相关的各大系统关键技术指标和气象条件外，最低发射条件有时还包括空间环境条件（高能粒子、空间碎片等）、首区航区安全条件和电磁频谱条件等。

事实上这些条件通常在较早的时间节点前即可确认，有的甚至在工程任务计划之初就有所考虑，如确认空间环境、申请航区和排除电磁干扰的工作，往往不是在测试发射的最后时段才进行的。作为涉及系统众多，技术状态复杂的运载火箭测试发射任务，工程人员当然希望流程进入到加注发射阶段，限制的因素越少越好。但有时也会出现先期未预料到的特殊情况，出现空间环境条件、首区航区安全条件和电磁频谱等方面的突发情况而最终影响发射任务的准时执行。

1 空间环境

空间环境，也称宇宙环境，指地球大气层以外的宇宙空间环境。空间环境条件，有时也称空间气象条件，相比加注发射过程中的发射场气象条件，空间气象条件指火箭飞行过程中在外层空间或临近空间段的各类条件，如高能粒子、空间碎片等。

随着航天事业的发展，以及对空间环境和地球环境密切关系的认识不断加深，空间环境日益成为一个快速发展的综合学科，中国科学院空间环境预报中心将空间环境的预报主要分为太阳活动（太阳黑子、耀斑、日冕抛射等）、地磁活动、地球同步轨道高能电子暴、中高层大气以及流星体、空间碎片等多个方面[7]。

不同工程任务，其空间环境条件关注的重点不同。以我国火星探测任务为例，其探测器空间环境防护关注的重点包括发射初期至地球磁层内运行时的单粒子效应，即来自地球辐射带质子、银河宇宙射线和太阳宇宙射线中的重离子和质子等高能粒子源的影响，还包括探测器穿越地球磁层顶层前在 20000～40000km 热等离子区域的表面充电效应等[8]，如图 2-34 所示。

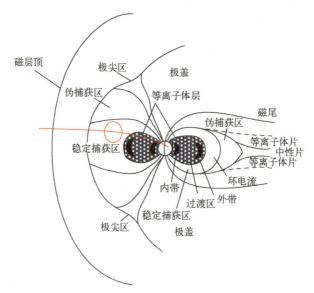

图 2-34　火星探测器发射初期所处的磁层内环境

实战案例

1989 年 8 月 8 日，欧空局使用阿里安 4 火箭发射"希帕科斯"卫星，8 月 10 日地面控制准备在远地点对卫星实施点火时，发现点火指令并未执行，卫星的速度没有发生变化。经过排查分析发现，卫星运行过程中不断穿越范艾伦带，使得太阳能电池阵损坏速度远超预期，最终导致点火指令无法执行[6]。

空间碎片是近期航天发射任务较为关注的空间环境条件之一。空间碎片可分为自然成因的太空尘和人为空间碎片，人为碎片又称为太空垃圾，包括火箭残骸和报废卫星等，在典型卫星轨道上其通量高于太空尘两个数量级，对航天器有较大的危险性。

如图 2-35 所示，假设航天器和空间碎片的位置误差满足正态分布，根据二者空间运动矢量计算，可估算在交会区域的碰撞概率，若概率较大超过限值，则需要规避。

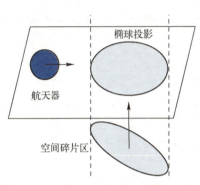

图 2-35　空间碎片规避参考椭球示意

空间碰撞门限以尽量减少虚警率，尽可能降低预警规避对任务的影响为原则，确定预警判据及门限。主要包括接近距离判据、BOX（箱体）判据和碰撞概率判据三种方式：

（1）接近距离判据，即空间物体间距离的大小作为判据；

（2）BOX 距离判据，即以相互交会的 2 个目标在对方本体坐标系内的最小距离作为判据。采用 U-N-W 坐标系，其中：U 方向为空间目标惯性速度矢量方向，W 方向为轨道面负法线方向，N 方向与 U 方向、W 方向构成右手系。当其中一个目标进入另一目标的 3 个方向距离门限范围内时，将作为危险目标；

（3）碰撞概率判据，根据轨道预报误差分析结果，按照三维正态分布构建目标轨道/弹道预报误差椭球，以两个目标交会时刻（两个椭球中心距离最小时刻）的碰撞概率作为预警判据。

对于载人航天任务的碰撞预警，为确保航天器和人员安全，一般会根据任务情况，适当提高距离门限，尽可能筛选所有可能碰撞风险，提前进行碰撞规避。

碰撞概率计算方法在国际上属于通用准则，减小碰撞虚警概率的核心在于提升主、从目标的测轨精度，降低预报管道误差。任务单位通过提供航天器更加准确的交会面积、精确轨道和误差椭球等信息,支持更加精确的碰撞概率计算,降低虚警。

实战案例

美国"星链"卫星星座是典型的高密度星座,先行设计了大约12000颗卫星,分布在300~1200km轨道高度。

目前,新一代"星链"预计发射30000颗,主要在低轨300~600km高度,并未明确最终的轨道高度。在假设30000颗"星链"均匀分布于500km轨道高度的极端条件下,仿真高密度巨型星座对航天发射任务窗口的影响。

假设任务窗口为20min,根据型号技术特征和弹道特点,明确距离判定门限按弹道高度$H\leqslant 400$km时,距离门限80km;弹道高度$400<H\leqslant 600$km时,距离门限50km;弹道高度$H>600$km时,距离门限35km。BOX判据取值为$160\times 10\times 15$km。则根据任务输入,可计算两种判据策略下的危险窗口占比,如表2-1所示。

表2-1 世界各国现役主流火箭发射日程序时长对比

任务	预警策略	门限/km	危险时长/s	危险窗口占比/%
600km高度弹道	原距离判据	80/50/35	656	54.7
	BOX判据	160×10×15	169	14.1

可以看出,若采用原有碰撞门限,危险窗口占比较高,可达50%以上,会对发射任务的窗口选择带来一定影响。若采用定制化的BOX判据,危险窗口占比大幅降低,对发射任务影响较小。总体来说,采用定制化的BOX距离门限可以有效降低在高密度"星链"星座下的发射任务危险窗口占比。

2 首区航区安全

按照火箭的飞行段,大体上将安全控制的区域分为首区和航区两个部分。首区安全,指发射场设备设施周边一定范围内的安全。在工程上,充分考虑运载火箭发射射向,及其一定夹角围内,应避开重点保护的地面建筑和人员密集的地区。

航区安全,指运载火箭射面,即弹道范围内的安全。火箭起飞后,按照国际法律界定,可穿过的区域包括本国领空、国际空域和外层空间,无论是起飞过程还是火箭箭体残骸的再入坠落过程,都不可穿过他国领空,残骸也不能落入他国领海,同时任何时刻,火箭的飞行弹道下方避免经过本国或他国的重要设施和人口密集的城镇。而在火箭起飞前，需要确认火箭飞行过程中"前方净空"，即对陆海空等区域进行管制。

实战案例

2018年2月，美国SpaceX公司使用"猎鹰"9号运载火箭发射Hispasat、30W-6和PODSAT等卫星，原定2月22日发射，后推迟到25日，后由于整流罩加压系统需要额外测试，发射推迟。

而准备在2月28日再次尝试发射时，由于美国空军45联队空域管制的需求，发射的申请未被批准，任务继续推迟。最终火箭在3月6日成功发射，但由于海况不好，回收船返港，一级未回收。

实战案例

2017年11月11日，美国使用"安塔瑞斯"火箭发射Cygnus OA-8E Gene German货运飞船，由于一架航班无视FAA（Federal Aviation Administration，美国联邦航空管理局）警告，硬闯禁飞区，如图2-36所示，并且延误了36min起飞，最终当天的发射取消。11月12日，发射前几分钟又有船只闯入禁飞区，发射最终推迟至20:19成功发射。

➢ 实战原则：事无巨细，发射场周边方方面面的管制，应提前详细沟通

图2-36 "安塔瑞斯"火箭整体起竖与闯入禁飞区的飞机

3 电磁频谱

电磁波频段是宝贵的资源，国际上由国际电信联盟（ITU）对频率的使用进行详细划分，其划分基本依据是各类电磁波的本身特性和各地区各行业的使用需求，并由此形成了多种多样的全球、分区域的电磁频谱使用规范。

GJB 21.1 标准规定，2200~2300MHz，代号 Ub，优先用于无人飞行器、导弹、运载火箭、常规武器和空间研究业务的遥测。2290~2300MHz 优先用于深空探测任务，超高频（SHF）频段内的 3700~4200MHz 划为卫星固定业务频率。因此运载火箭使用的频段一般在 2200~2300MHz 内，按照微波划分，属于 S 波段，当然，同频段内不同运载，采用的具体频点也会有所不同。

航天测试发射任务过程中，各大系统间需开展电磁兼容性（EMC）试验，以确保各系统间电磁频谱的兼容性，互不干扰。而加注发射的关键过程中，还需联合周边单位确保发射场区周边无干扰电磁频谱信号，特别是安控等特殊系统，若出现干扰可能造成严重的后果。

实战案例

1969年，美国执行"土星"5号发射首次载人登月的"阿波罗"11号任务时，射前工作中，有一项工作，即在-63h，安装安控系统编码插头。该插头是为了防止苏联人的破坏设计的防安控误爆的装置，由于安控频率是公知的，因此设计插针编码的插头，屏蔽所有错误编码的信号，如图 2-37 所示。

图 2-37 "土星"5 安控解码器及编码插头

开展信号测试，确保安控系统工作受控。整个阿波罗工程任务期间，NASA 最为担心的事件之一，就是苏联人在卡纳维拉尔角的周边海域，驾着小船进行电磁干扰，当然这些假想事件并未发生[9]。

至于 NASA 如此小心谨慎的最初原因，实际则来自于 1964 年自己人弄的乌龙。1964 年 1 月 29 日，一枚"土星"1 号火箭测试时，火箭自毁接收机误收到自毁信号，幸好并未连接爆炸机构，否则后果不堪设想。调查发现，在对另一枚火箭发出的自毁信号被"土星"1 号火箭的应答机接收，并进行了转发，转发后信号与一个遥测通道载频混频，与 UHF 多普勒应答机的输出频率叠加，形成了与指令自毁接收机同频的信号。

➢ 实战原则：任何时候都要明确地知道各项操作的后果

对于可能存在安全性风险的负载，火工品和部分阀门等，尽量少做真实状态测试，而是采用等效器进行过测试。如果出现系统故障、潜通路，以及各种可能未料到的情况，导致误动作，则可能造成十分严重的后果。

 参考文献

［1］钟文安，张俊新．航天测试发射原理［M］．北京：国防工业出版社，2020．
［2］张宗美．航天故障手册［M］．北京：宇航出版社，1994．
［3］戴维·J．谢勒．载人航天飞行中的事故与灾难［M］．袁家军，郑敏，译．北京：中国宇航出版社，2013．
［4］Carl Sagan，Coronet，The Cosmic Connection．1975：P138．
［5］万全，王东锋，刘占卿，等．航天发射场总体设计［M］．北京：北京理工大学出版社，2015．
［6］哈兰 D M，等．航天系统故障与对策［M］．阎列，邓宁丰，舒承东，译．北京：中国宇航出版社，2007．
［7］蔡震波，曲少杰．火星探测器全任务期空间环境特征与防护要点［J］．航天器环境工程，2019，36（6）：542-548．
［8］Jonathan H W. Countdown to a moon launch：preparing Apollo for Its historic journey［M］．Chichester，UK：Springer 2015．

第 3 章

准时发射策略

航天任务准时发射实战

从最低发射条件的意义上,准时发射的要求等效为必须在发射窗口时段范围内满足最低发射条件要求,换言之,准时发射的内涵,即使得参加任务的各系统在发射窗口的时段内达到最低发射条件。为达到准时发射的要求,需要从加注发射的流程设计、组织指挥和应急处置等方面制定相应策略。本章思维导图如图3-1所示。

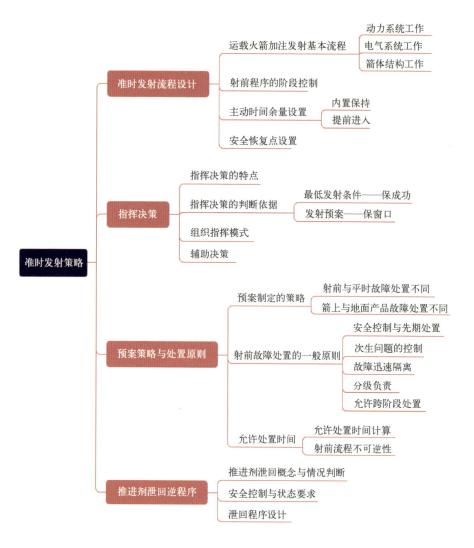

图3-1 第3章思维导图

第 1 节 准时发射流程设计

1 运载火箭加注发射基本流程

运载火箭加注发射的工作,是逐步使运载火箭具备点火起飞条件的过程。为保准时发射而设计运载火箭加注发射程序,称为倒计时程序[1]。运载火箭倒计时流程的设计,就是为了确保运载火箭准时发射,因此在基础流程的设计过程中,就充分考虑到工作的先后顺序、系统间的制约、故障发生的可能性和应急处置的有效性。

低温运载火箭由于使用液氢、液氧等低温推进剂,射前工作保障条件和制约因素较多,整体工作复杂度高。以美国主要现役运载器"德尔它"4 火箭射前程序为例,如图 3-2 所示。其射前主要工作项目包括:

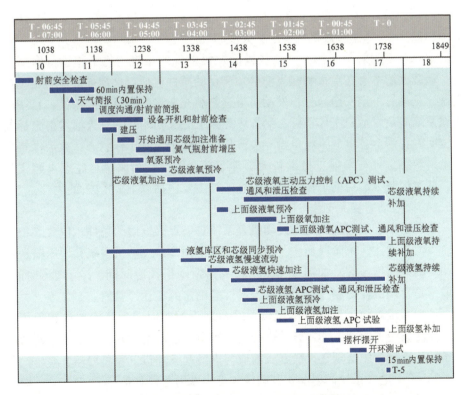

图 3-2 美国"德尔它"4 火箭射前程序

(1) -8h，活动勤务塔开始撤离，进入发射程序；
(2) -5h30min，发射平台、危险区人员撤离；
(3) -4h33min，推进剂加注前表决；
(4) 通用芯级氢箱加注：-4h15min 开始预冷，-3h55min 开始小流量加注，-3h45min 开始大流量加注，-2h55min 大流量加注完毕进入稳定补加；
(5) 通用芯级氧箱加注：-3h45min 开始预冷，-3h35min 开始小流量加注，-3h30min 开始大流量加注，-2h40min 大流量加注完毕进入稳定补加；
(6) 上面级氢箱加注：-3h10min 开始预冷，-2h50min 开始加注，-1h45min 加注完毕进入稳定补加；
(7) 上面级氧箱加注：-2h30min 开始预冷，-2h20min 开始加注，-1h20min 加注完毕进入稳定补加；
(8) -1h10min，射前功能检查；
(9) -9min30s 航天器转内电，-4min 火箭转内电；
(10) -3min，通用芯级加注结束，射前增压；
(11) -1min30s 上面级液氧加注结束，-50s 上面级液氢加注结束，射前增压；
(12) 0s，牵制释放机构解锁，火箭起飞。

面对众多的射前工作，可以从最低发射条件的角度，将工作进行梳理分类。运载火箭本身在点火和起飞前必须满足的条件包括：火箭推进剂满足飞行用量，且具有一定安全余量；发动机推进剂填充和温度满足点火条件，且增压输送系统满足发动机工作条件；制导姿控系统完成初始化，且火箭发射坐标及方位明确；箭上各电气系统单机、关键传感器处于良好工作状态；火箭保持垂直发射状态，且与发射支持设备无干涉事项。因此，为满足这些点火起飞条件，低温运载火箭射前工作的基本内容通常主要包括以下3个方面：

1) 火箭动力相关工作

主要为推进剂加注和使得发动机等系统具备点火发射的条件，包含贮箱预冷、大流量加注、末阶段加注，以及发动机的预冷、发动机系统和增压输送系统相关的射前增压等。如图3-3所示，t_1 为发动机预冷时间，t_2 为增压时间，其取值是发动机在研制过程中通过大量试验确定的工程经验值。

动力系统射前工作的基本逻辑关系包括：加注完成后箭地加注阀门可关闭、加注阀门关闭状态下才开始进行射前增压、射前增压好后具备连接器脱落的条件、连接器脱落须在火箭起飞前或与火箭起飞并行（零秒脱落）。

2) 箭上电气系统的射前状态确认和点火发射条件具备

包括射前的检测测试，以确认电气设备的状态，火箭瞄准以及高空风补偿等各类诸元的计算，以完成飞行软件的装订和制导姿控系统的初始化。

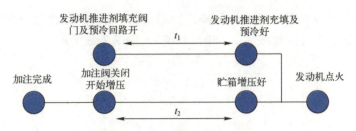

图 3-3 动力系统射前工作流

箭上电气系统射前的基本逻辑关系包括：制导与姿控系统在运载火箭起飞前须建立箭上系统初始坐标系，并明确飞行射向；箭上需避免同时运行测试程序和飞行程序、箭上转内电处于稳定工作状态后才开始精确制导计算、运载火箭起飞前必须明确制导与姿控系统参数等，如图 3-4 所示。

图 3-4 电气系统射前工作

3) 箭体结构具备点火条件

如舱门封闭、连接器断开，还包括测试的准备和状态的转化等工作；如加注后管路撤收、电池插头连接、低温加注后的垂直度调整、舱段环境控制等。这些工作围绕核心的动力系统和电气系统射前的工作开展。

各国设计了许多著名的发射程序，除上面提到的"德尔它"4 火箭发射程序外，还有包括长征三号 B 火箭 12h 发射程序、"土星"5 火箭 28h 发射程序和航天飞机 43h 发射程序等。所有这些倒计时程序均围绕动力系统工作、电气系统工作和箭体结构操作 3 个主线来设计。

欧空局的"阿里安"5 运载火箭早期的射前程序为-9h 程序，如图 3-5 所示。运载火箭在发射前 9h 才从总装厂房转运到发射区，其程序将所有工作梳理为运载火箭电气测试、加注、火箭总体结构和平台等相关的测试 3 条主线，该图自动分为 3 行推进。

"阿里安"5 运载火箭射前程序后续开展了不断优化，将射前程序由-9h 压缩至-8h，甚至更短时间，部分项目测试操作时间缩短，但整体测试工作的主线安排不变。

日本 H-2A 系列火箭一二级采用氢氧推进剂（固体助推），发射日工作控制在 12h 以内，倒计时内操作控制在 6h 以内，其加注准备工作约-7h 开始，约-5h 开始低温加注，并行开展射频系统检查，-30min 进入最后倒计时，期间所有工作整理为对火箭总体的操作（箭体结构）、对推进系统的操作（动力）和对制导系统的操作（箭上电气系统），如图 3-6 所示。

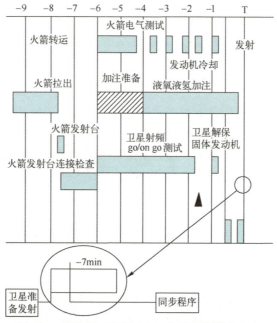

图 3-5 欧空局"阿里安"5 火箭早期射前程序

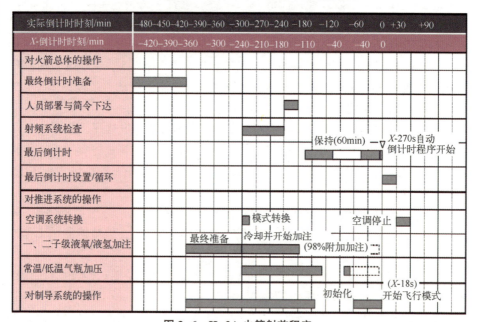

图 3-6 H-2A 火箭射前程序

基于运载火箭加注发射的基本流程设置考虑准时发射的要求，为了尽量保证运载火箭在任务发射窗口内点火升空，需要在射前程序中加入准时发射的控制策略，主要的针对性策略一般包括对射前程序的阶段控制，射前程序的主动时间余量设置和安全恢复点设置等。

2 射前程序的阶段控制

在射前程序中设置关键阶段控制点，对之前完成的操作和系统的状态进行全面确认，分析判断是否能够进入下一阶段，可以确保各系统流程同步推进，提高流程的抗风险能力，是确保运载火箭准时发射的重要策略。控制点的选取，各型火箭由于自身技术特点而有所不同，如"宇宙神"5 火箭发射日程序设置−2h 和−4min 两个阶段控制点，如图 3-7 所示。美国航天飞机射前则分别在−27h、−19h、−11h、−6h、−3h、−20min、−9min 设置 7 个阶段控制点。

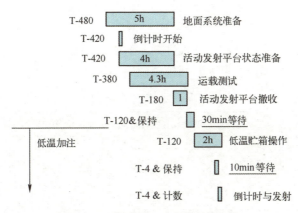

图 3-7 "宇宙神"5 火箭射前程序

我国运载火箭根据阶段的可逆性，也一般将射前程序划分为若干时段，如进入低温加注作为一个时段，打开隔离阀将推进剂填充至发动机腔内又为另一时段，等等。每一时段中各系统工作均完成后，才能进入下一时段。

一般而言，"低温推进剂加注开始"是各国运载火箭射前程序中的重要节点。在低温推进剂进箭前通常需要综合判断，确认任务各系统的技术状态，以决定是否进行加注。一旦加注，特别是低温推进剂进箭，运载火箭加注发射程序的可逆性将大幅降低，出现问题故障的处置难度也大幅增大。

考虑到这一特点，对于特定的低温火箭，"低温加注前不能失去任何加注发射的冗余备保手段"原则具有较强的指导性。

一方面，备保手段无论对于发射可靠性，还是飞行可靠性，都至关重要。

即使系统设备拥有"双冗余"、"三冗余",若某个设备出现故障,在低温推进剂未加注前,还有较长的处置时间,程序仍具有很高的可逆性,因此应该考虑进行处置,或者直接更换,以确保所有的备份都处于良好状态,所有的冗余手段,在后续阶段仍能发挥作用;

另一方面,在进入低温加注程序之后,由于程序可逆性大幅降低,某些设备和器件故障可能无法及时处置,可以在充分分析故障影响范围的前提下,科学决策,暂不处置,采用备份冗余手段完成发射,事实上,这也是冗余备份的意义所在。在发射后,再进一步排查故障原因,举一反三。这一策略强调了不同时段,不同的程序可逆性条件下,为确保准时发射的主导原则的不同。

当前,液体运载火箭射前程序优化的主要思路之一,就是将推进剂开始加注的时间尽量靠近点火时刻,即快速加注,加注完成后仅开展少量测试或确定工作,就点火发射。

现役主要运载火箭射前程序时长为 6~14h(表 3-1),各型火箭采用的推进剂不同,因此射前程序设计考虑因素不同。如美国"猎鹰"9 和"猎鹰"重型火箭,全箭采用液氧和煤油推进剂,射前只需加注 2 种推进剂,且并行加注,因此从推进剂加注至点火时间较短。

表 3-1 世界各国现役主流火箭发射日程序时长对比

型 号	国 籍	首飞时间	发射日程序倒计时	推进剂开始加注
"猎鹰"重型	美国	2018	-10h	-2h
"猎鹰"9	美国	2010	-10h	-1h
"德尔它"4 重型	美国	2004	-8h	-4h15min
"宇宙神"5-551	美国	2006	-12h	-2h
"安塔瑞斯"	美国	2013	-8h	-6h
"质子"M/"微风"M	俄罗斯	2001	-11h30min	-6h
"联盟"号	俄罗斯	1963	-8h	-4h
"阿里安"5-ECA	欧盟	2002	-6h	-4h
H-IIB	日本	2009	-13h	-7h30min

根据实际情况,运载火箭射前的各时段可以设置不同的时间余量,争取有足够的时间处置可能的故障以确保火箭准时发射。以某型运载火箭射前程序为例,以各类推进剂的顺序加注和电气系统射前测试自然分为 6 个阶段,如表 3-2 所示。

表 3-2　某型运载火箭射前程序阶段划分

序号	阶　　段	时　　段	主　要　工　作
1	煤油加注阶段	-15~-10h	(1) 煤油加注准备工作 (2) 煤油加注 (3) 煤油加注后管路系统撤收
2	氧氮加注阶段	-10~-6h	(1) 氧氮加注准备工作 (2) 液氮加注 (3) 液氧加注 (4) 液氧加注后各系统状态检查
3	液氢加注阶段	-6~-3h	(1) 液氢加注准备工作 (2) 液氢加注
4	射前测试阶段	-3~-6min	(1) 箭上电气系统功能检查 (2) 推进剂补加 (3) 上传飞行程序及主要参数诸元
5	补加阶段	-40~-5min	(1) 推进剂补加 (2) 最终加注好信号发出
6	点火发射阶段	-6min 至点火	(1) 最终加注好信号发出 (2) 射前增压 (3) 各系统转电 (4) 连接器脱落 (5) 摆杆摆开 (6) 点火

阶段控制策略的基本原则，即各阶段均判断本阶段工作完成情况，具有强制约性工作未完成的情况下，则不进入下一阶段。但这种判断并非绝对，而是根据任务性质、系统技术特点、现场具体情况、程序所处阶段等综合决策（风险决策）的结果。

实战案例

我国某火箭任务，程序进入到-7h 时，由于发现箭上 1、3 助推头锥排水口有白雾喷出，疑似液氧泄漏，现场经过迅速分析决策，决定暂停进入-7h 程序，进行故障处置，处置成功后程序继续（推迟1h 进入-7h 程序），最终火箭首飞成功[2]。

> 实战原则：确保产品不带隐患上天

实战案例

在 1969 年，美国使用"土星"5 号运载火箭发射登月的"阿波罗"11 号飞船的射前程序中，出现了液氢加注大量泄漏的情况。原计划加注预计在-3h38min 完成，但在三级补加时，补加阀出现液氢大量泄漏，随时可能着火爆炸，抢险队立即赶赴现场进行处置。

考虑到登月任务窗口限制，现场紧急决策发射程序继续，并未暂停。液氢泄漏处置的过程中，包括阿姆斯特朗在内的宇航员仍于-3h7min从技术区出发，其余工作仍继续开展，最终堵漏工作完成，"土星"5号成功将人类首次送上月球[3]。

➤ **实战原则**：地面设备射前出现故障时，尽最大可能采取措施进行处置

故障处置过程中，将一旦进入则可逆性大打折扣的流程项目，确定为关键流程项目。当故障无法在关键节点进入前解决的，暂缓进入，避免导致高不可逆性的终止发射。这些关键节点，一般包括推进剂的加注和连接器动作等重要状态变化。

3 主动时间余量设置

在程序阶段控制的基础上，考虑到各系统射前工作可能出现的应急处置，为进一步增强程序的健壮性，在运载火箭射前流程设计中设置主动时间余量，确保应急情况下程序具有更好的灵活性，特别对于零窗口或窄窗口任务，这种设置意义重大。

国外型号火箭在程序中一般设计"内置保持（build-in hold）"阶段，"德尔它"2火箭的射前程序，如图3-8所示。

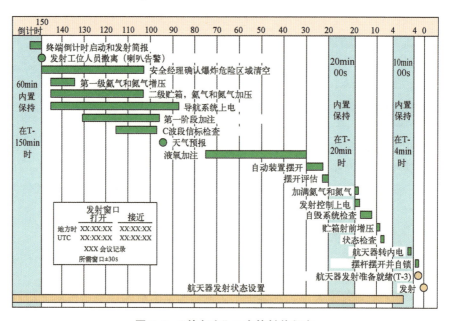

图3-8 "德尔它"2火箭射前程序

国内运载火箭通常采用"提前进入、逐步逼近"的动态组织指挥程序策略，即在程序中不同阶段人为加入时间余量，使得阶段总时长超过正常测试所需时间，逐步逼近发射窗口前沿，力求提前发现问题，保证留有充足的时间进行故障处置，尽可能规避对发射窗口的影响，以获得应急处突的宝贵时间，最终对齐点火时间。

发射程序的各个阶段都设计有时间余量，若当前阶段出现故障，则将时间余量用于排故。应急处置的思路是不考虑二度故障，即当前故障开展处置可以用掉后续所有时间余量。通常认为二度故障概率极小，若仍考虑再次故障的情况，处置决策过于复杂且保守。

以我国某次"零窗口"发射任务为例，技术人员经过分析，在原倒计时程序的基础上，逐阶段加入了提前进入的时间，如表3-3所示。

表3-3 某"零窗口"任务倒计时提前进入策略

序号	时段	提前进入时间	备注
1	−12h 射前功能检查	3h	提前开展准备工作，为后续工作争取时间
2	−8h 氧氮加注	0.5h	加注过程中如果出现阀门故障、气液路故障等情况，就可以多争取半小时的故障处置时间
3	−6h 液氢加注	0.5h	
4	−3h 电气系统测试	10min	确保每一个时段各系统都有足够的时间完成本系统的测试，并有一定的处置故障时间
5	−1h 上传飞行程序	6min	
6	−5min 点火程序	0s	倒计时对齐
7	0 点火	0s	

无论是"内置保持"，还是"提前进入、逐步逼近"，主动时间余量设置的实质是通过对各系统工作的精细化管理，对各系统工作时间余量进一步挖掘，实现射前流程的进一步优化，从而实现动态窗口管理。即虽然工程任务的窗口是给定的，但在射前不同阶段，允许各系统拥有超过窗口限制的处置时间，而这个处置时间随着流程的推进逐步减小，最终在点火程序启动等关键时间节点与理论窗口对齐。

4 安全恢复点设置

安全恢复点（recycle point），即射前出现问题后，各系统可以同时安全返回到流程中的某时间节点。

随着射前程序的执行，若某个系统出现问题，而其他系统的工作可以继续进行，但要提前设计正常系统在哪个时间点上等待故障系统。一般来说，加注发射日程序设计时，需规定本阶段故障处置后，各系统再次进入射前程序的节点，即安全恢复点。

安全恢复点不止一个，不同阶段有不同的安全恢复点。如低温推进剂补加好后出现故障，各系统保持状态等待，故障处置好后重新进入程序，需要从补加程序进入；又如，伺服机构启动后若故障处置时间超过最大工作时间，需停止伺服机构的运行，故障处置好后再进入伺服启动程序，继续倒计时。

发射程序设计安全恢复点，利于在应急情况下保持各系统安全状态，并寻求再次点火的时机。"德尔它"4火箭和"德尔它"2火箭均在最终倒计时程序设置4min保持并设为安全恢复点。

实战案例

2018年1月12日，美国使用"德尔它"4火箭执行NROL-47发射任务，任务瞄准窗口预计在当地时间早上6点起飞。发射程序进入4min倒计时，芯级贮箱射前增压已完毕，但进入到点火前85s时，因发射场的摆杆系统出现故障，程序重置回到-4min安全恢复点，并进入"内置保持"，各系统在-4min保持状态，故障排查花费了大约2h，之后所有系统继续射前-4min程序。

而在第二次4min程序进行到射前-27s的时候，再次由于故障而暂停，程序又一次回到-4min安全恢复点，并进入"内置保持"。虽然NROL-47发射任务的允许窗口时间宽度允许直至当天下午时段，但最终排故时间过长，导致发射推迟到第二天。最终"德尔它"4火箭于1月13日发射成功。

这个案例充分体现了安全恢复点和主动时间余量设置在任务射前应急处置程序中的重要作用，以及由这种设计策略带来的应急处置灵活性。

我国运载火箭射前各系统的应急处置中，则明确了由于故障处置，或其他系统故障处置的原因，可重新某一特定阶段程序。以电气系统为例，若由于其他系统原因，故障排查时间较长，则需要重新进入上传飞行程序和诸元的程序，以重新初始化箭上电气系统的状态。这种思路与"德尔它"4火箭安全恢复点设计类似。

实战案例

2008年10月30日，我国某火箭任务，在射前-22min，箭上增压后，发现地面氦配气台减压器出口压力逐渐升高，超过门限值。氦配气台用于为箭上氢氧箱增压，作用十分关键。

至射前-13min时，氦配气台减压器出口压力已经升高超过设计值，系统判断减压器出现故障，处置时间较长。

经决策，发射程序重回射前-27min程序（预先设计的安全恢复点），各系统重进27min程序，以增加动力系统的处置时间。最终，动力系统在规定时间内完成了故障处置，卫星成功发射。

第2节 指挥决策

1 指挥决策的特点

航天测试发射实战是多系统协同重大工程任务，指挥决策具有多重鲜明特点。

1）系统性、协同性

运载火箭射前指挥，涉及参与任务的各大系统，除火箭、航天器、测控等大系统外，还包括任务保障、安全管控等。指挥决策时，必须把握系统性和协同性，即指挥决策需要从系统工程顶层综合考虑多种因素对工程的各个系统的不同影响。

例如出现某一系统故障的情况下，迅速判断是否会对其他系统产生影响，其他系统的工作是否继续开展，排故工作是否会产生次生危害，随着排故的进行，时间的推移，各系统工作如何统筹开展，最终在关键决策点对齐。这就要求指挥者具有高度的系统工程思维，思虑全面，慎重决策。

2）专业性、科学性

航天测试发射各部门专业性强，技术特点不同，技术密集，要求指挥决策人员要具备较强的专业素质和科学素养，依托子系统专业团队的判断同时，能够对当前指挥节点的系统总体技术状态进行有效、科学的判断，具有技术抓总能力。对于问题处置的判断，做到科学、明晰、精确，确保问题已经处置完毕，对后续任务和其他系统均无影响。

3）时效性、及时性

运载火箭的测试发射涉及的系统庞大，可能出现的突发事件多样，且由于准时发射要求，处置的时效性要求高，要求指挥决策必须信息畅通，且层级简化，不能有过多的人员参与决策，不能有多余步骤，应尽量快速果断。准时发射要求射前故障快速定位、快速处置、高效决策，这对指挥决策系统的高效和智能化提出了较高要求。

4）灵活性、应急性

虽然航天发射任务流程设计、预案制定、演练模拟等力求做到周到细致，覆盖全面，但由于航天测试发射巨系统工程的特点，仍可能出现突发的意外情况。要求指挥人员能够沉着冷静，灵活处置。这同样基于指挥人员对系统的充分认识，在紧急情况下，可以充分考虑现有条件，甚至创造条件，以完成故障处置。

如我国某次任务液氢加注过程中出现了液氢连续液位电压零位偏高故障，初步确认为传感器故障，在现场无法采取有效措施的情况下，最终决策临时改变加注量来弥补利用系统失效的影响，该计算过程耗时约 1.5h，最终在推迟了 1h 后，火箭成功点火发射。

实战案例

1986 年 1 月 27 日，美国"挑战者"号航天飞机准备发射，但 27 日夜间温度骤降，温度接近 $-0.5℃$。肯尼迪航天中心 39 号发射场发射塔架挂着冰柱，为避免管路冻裂，各处阀门尽量打开，让水流动。

28 日早晨，发射因冰冻推迟了 2h。科研人员在如此低温下，提出了对固体火箭助推器（SRB）各部件连接处密封的 O 形橡胶圈弹性的担忧。因为 O 形圈温度低于 11.7℃ 时，将无法有效密封接缝。事实上，除了气温骤降，由于液氧舱通风口冷空气的影响，红外摄像机发现，右侧固体助推尾部接缝处的温度达到了 $-13℃$。但领导层却主要考虑的是提升飞行的频率。

最终，"挑战者"号于美国东部时间 11:38 起飞时，气温比之前的任何一次飞行低 15℃。起飞后仅 0.678s，高速摄像机就发现黑色烟雾从右侧助推尾部靠近与外部贮箱的连接处喷出。

更加不幸的是，航天飞机达到最大动压（MaxQ）时，遭遇了强风切变，飞行至 73s，航天飞机解体，"挑战者"号在 20g 的载荷下撕裂，机组 7 名宇航员全部遇难，如图 3-9 所示。此次事件导致航天飞机飞行计划冻结 32 个月。

图 3-9 "挑战者"号失事

里根总统的特别调查委员会调查后，直指 NASA 管理层在明知助推器低温部件存在缺陷的情况下依然发射，并未提出改进意见，且并未充分地将这些技术隐患上报。

原来这一故障因素在接头的设计时就存在了，设计公司和美国宇航局固体助推设计处都了解这一情况，并在试验数据上有所反映，但设计公司和美国宇航局都没有在内部风险分析和警告报告中充分反映这一不合格项，致使决策"挑战者"号发射的人并不了解该密封圈和接头的问题，仅在设计公司和美国宇航局的"认为在飞行风险上是可以接受的"评估报告结论下决策了发射，造成了难以挽回的灾难性后果。

➢ 实战原则：进度必须服从质量
➢ 实战原则：技术问题的透明性原则

对于涉及任务质量的技术问题，各方必须充分共享相关技术细节，并充分分析认识对各自系统的影响。

➢ 实战原则："三老"，做老实人，办老实事，说老实话

实战案例

2003 年 1 月 16 日，美国为部署 STS-107 发射了"哥伦比亚"号航天飞机，飞行全程正常，并成功完成了部署任务。但对远程跟踪摄像机画面分析时发现，起飞 82s 后，支撑轨道器头部的外部贮箱箱体上安装了双脚架，支架上的一块泡沫塑料击中了轨道飞行器。美国航天飞机结构如图 3-10 所示。

这种泡沫原是用来保护双脚架前缘，使其免受气动热影响的。如果新泡沫没有紧紧贴在旧泡沫上，则雨水会进入缝隙，低温推进剂加入外部贮箱后，雨水会结冰，冰的膨胀造成缝隙打开，从而容易脱落。

实际上，在之前的 4 次飞行中，都曾出现泡沫塑料脱落的情况。但相关人员得出的结论是撞击不会有严重的威胁。然而，2 月 1 日当"哥伦比亚"号重返大气层时，航天飞机坠毁，机组成员全部遇难。

5 月 29 日，科研人员模拟再现泡沫塑料撞击试验，事实表明质量 0.76kg 的泡沫塑料以 850km/h 的速度撞击，可在轨道器机翼上撞出 40cm 的大洞。

事后的深度分析表明，"哥伦比亚"号已经服役 20 年有余，由于政府资金支持的缺乏，大量已发现的安全隐患没有得到及时消除，并且随着连续成功，管理人员的安全意识逐渐淡化，并未对潜在的危险进行处置，采用经验主义代替科学研究结论。

在"哥伦比亚"号出事的前一年，美国宇航局安全顾问小组组长理查德·布伦伯格曾对国会说："我对航天飞机的安全问题感到前所未有的担忧，

我感觉或许这次或下次发射不会有事,但可能就是再下一次。"但布伦伯格小组出具的报告让美国宇航局饱受批评,后来宇航局开除了小组中的5名成员,而忽视了早已识别出的技术风险。

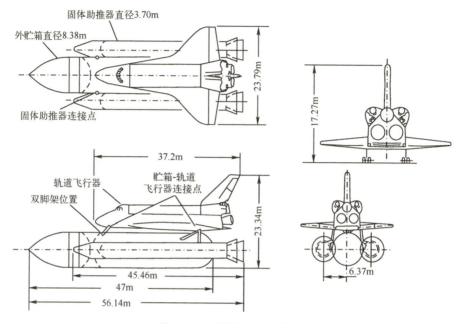

图 3-10　美国航天飞机结构

此次失事是航天飞机飞行135记录中2次重大事故之一,造成余下的"亚特兰蒂斯"号、"发现"号和"奋进"号3架航天飞机针对热防护系统的检测和维修手段研究了两年多,期间航天飞机全面停飞,并最终促使美国否定了延长航天飞机服役年限的说法,决定只要航天飞机到了规定使用的寿命就立即停止发射。航天飞机于2011年全面退役。

"哥伦比亚"号事件说明不仅仅在技术上,在管理制度和落实上,航天质量的管控也是永无止境的。重大航天事故的起因往往可能只是一个细小的问题,但就是这种小问题,造成了一系列连锁反应,最后酿成重大事故,所以安全问题永远不能掉以轻心。

➤ 实战原则:高度重视非设计状态带来的风险

火箭泡沫绝热层脱落肯定不是设计状态,此情况发现后需高度重视,否则会带来意想不到的后果。

实战案例

2021年,我国星际荣耀公司的双曲线火箭飞行任务过程中,一块保温泡沫从箭体脱落，恰好造成了姿控栅格舵卡滞。随着火箭飞行，泡沫再次被吹落，但栅格舵恢复控制跟踪指令后，短时间内偏转超过30°的角度，引起箭体姿态突变，最终导致发射失败。

实战案例

1960年10月24日，苏联组织发射第一个火星探测器，运载火箭点火后，发动机未能正常启动。根据现场安全准则，必须进行火箭的技术状态判定，等待一段时间，确认火箭安全状态后才能靠近火箭进行检查。

但当时苏共总书记赫鲁晓夫正在纽约参加联合国大会，他要求上任才8个月的战略火箭部队司令涅杰林元帅一定要求这段时间内发射成功，使苏联成为人类第一个向火星发射探测器的国家。为此，涅杰林元帅立即组织人员进入现场查明故障。

此举违反安全处置原则。当人员靠近火箭时，火箭突然发生爆炸，包括涅杰林元帅、苏军副总参谋长巴普洛夫斯基将军和众多火箭专家等在内的165人全部遇难。

> 实战原则：进度必须服从质量
> 实战原则：火箭紧急关机后需确定各系统箭上已断电

火箭在地面测试时使用的是地面的供电电源，而起飞前切换为箭上供电，如果火箭紧急关机，则需要确定箭地电源切换是否完成，此时火箭是由地面还是箭上电源供电，继而判断供电是否已经切断，若未切断，则有可能误触发指令动作，造成重大危险。

2　指挥决策的判断依据

航天任务发射前各系统都要制定相应的最低发射条件和各系统发射预案，并成为任务指挥们射前决策的依据。

1）最低发射条件——保成功

最低发射条件，即第2章所述各系统在火箭点火前所需具备的最小条件集合。

在设计试验过程中，运载火箭、航天器及其地面测试设备各种参数都定好了判定的准则，以判断产品功能性能是否能满足飞行的要求。我们都希望射前各种参数都能满足，这样飞行就没有风险。但是，不同的设计师有不同的考虑，各种指标都相应偏保守。单机给分系统的准则要小于单机自己的准则；权衡射前退出程序带来的损失和风险，各系统参数都还有放宽的余量，还有一些辅助设备可以抛弃；保证任务成功的各类参数最小包络以及最小设备的集合就是最低发射条件。

违背最低发射条件，飞行就有可能失败。可见，最低发射条件是"保成功"的。

不带任何问题隐患上天，是准时发射指挥决策的基本原则。坚持"产品在手，成功就在手"的理念，就要清楚地明白，只要运载火箭还没有起飞，问题和故障处置就还有机会。

不能简单粗暴地进行更换、重试等，认为程序可以继续执行就可以了，要慎重进行符合性审查。就一般的原则而言，运载火箭上天前，不能失去任何飞行中的冗余备保功能手段，也就是即使箭上有3台相同单机在飞行中执行相同功能，若一台出了问题，仍需慎重处置，尽量确保3台在上天前处于良好状态。

这一原则，是"低温加注前不能失去任何加注发射的冗余备保手段"的加强版，其思路都是逆向思维和裕度思维，即能够确保在后续阶段，即使出现一度故障，整体功能仍能保全。

2）发射预案——保窗口

在加注发射程序中，可能出现各种各样的故障和现象，导致突破了最低发射条件，事先需制定好预案以应对出现的情况和问题，确保处置后产品能满足飞行条件在发射窗口内点火起飞，因此发射预案又可通俗称为"保窗口"的，或说更侧重于"保发射"。

发射预案是发射日的指导性文件，它由故障预案的文件体系组成，含分系统预案、全系统预案以及重大事故的专项预案。

不同层次的预案编制的体例和颗粒度各不相同，但一般包括可能出现的问题或故障，故障出现后的报告机制与处置权限，各故障处置的方法和步骤。

最低发射条件是保证任务成功的最小条件集，不能逾越。制定任务的发射预案，就是在射前程序中出现了不满足最低发射条件的情况，只有两种选择：一是应急处置，使系统条件重新满足最低发射条件，继续进行发射；二是确保安全，明确无法在当前窗口发射，退出程序，择机再次组织发射。无论是继续还是退出，其基本原则是必须确保发射、飞行的可靠性。

由于航天测试发射系统庞大，出现的问题和情况多种多样，很难穷举。当出现意想不到的问题，没有制定相应的预案以供指挥员实施，需要专家决策组基于知识现场快速决策。这点对于航天发射非常重要，因为组织一次发射相当不容易，特别是对于氢氧发动机火箭，加注后退出再实施发射时间间隔相当长，对于一些窗口期较窄的行星探测计划尤其不可忍受的。

> **实战案例**

2018年5月21日，美国在沃洛普斯发射场的 Pad OA 发射台，采用"安塔瑞斯"火箭发射"天鹅座"货运飞船（Cygnus OA-9 J. R. Thompson），为国际空间站进行补给，并且搭载携带了3颗立方星（CubeSat），即 RainCube、CubeRRT 和 TEMPEST-D，受货运目标限制，任务窗口仅有5min。由于前期天气原因，任务已经推迟过一次，因此当天发射虽然出现了些状况，但火箭仍于窗口后沿 6:44:06 成功发射，"天鹅座"飞船成功抵达国际空间站。

3 组织指挥模式

由于各国航天测试发射参加单位和相互协同配合关系不同，因此航天发射场任务期的组织指挥模式不尽相同，但基本均属于二级或三级指挥结构。

美国卡纳维拉尔角任务以火箭系统作为发射组织指挥的核心，采用典型的三级组织指挥架构。以一般的"德尔它"4火箭发射任务为例，如图 3-11 所示。第一级则以生产火箭的联合发射联盟（ULA）作为任务主任单位，是任务的最高指挥官。任务主任根据航天器任务主任、发射主任、美国空军第45航天联队汇报的各系统状态，决定是否发射。任务主任在得到各岗位口令"Go"后，向发射主任下达发射命令。位于发射控制中心的发射

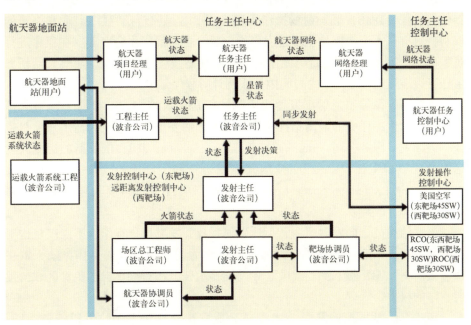

图 3-11 "德尔它"4 火箭任务组织指挥框图

主任是第二级指挥官，向任务主任报告场区准备状态，在接收到任务主任的发射决策后，向发射指挥官下达发射命令。发射指挥官作为最后一级，最终执行发射命令。

航天器任务主任通过航天器项目经理、航天器网络经理了解航天器状态及其网络状态。

波音场区协调员收集场区安全、气象预报资料、发射场情况及网络状态，向发射指挥官和火箭发射主任汇报，并将火箭状态通报给第45航天联队的靶场控制官和靶场操作官。

发射场区由美国空军第45航天联队管理，对发射场设施进行维护，并提供保障服务，但不负责"德尔它"4项目的实质性工作。

发射决策是由代表有效载荷、"德尔它"火箭、发射场系统的各方共同做出的。

法国"阿里安"5火箭任务指挥也是典型的三级结构：任务控制中心（MCC）是最高指挥机构，任务主任是最高指挥官，协调位于发射区的发射控制中心（LCC）的发射场操作经理的准备工作；LCC可以认为是第二级指挥机构；LCC之下是具体操作岗位。由于参与航天发射的组织机构较多，其决策流程在三级架构下显得较为复杂，如图3-12所示。

最终采用倒计时程序，而任务主任（CM）、操作中心主任（DCO）、航天器任务主任（DMS）和发射场操作经理（COEL）具有自动程序启动和终止的权利，只有在4个指挥员全下达发射指令后，自动程序才会启动。在程序进行过程中，4个指挥官在一定时间段内均有权利终止程序的进行。如航天器任务主任可以在发射前0~9h的时间内停止倒计时程序。

俄罗斯拜科努尔发射场发射决策的执行是二级结构。以"质子"号火箭发射任务为例，任务的最高指挥机构是发射评估委员会，由航天器用户项目主任、国际发射服务公司（International Launch Service，ILS，俄罗斯的运载火箭运营商）项目主任、Khrunichev国家空间研究和生产中心（Khrunichev State Research and Production Space Center，KhSC）项目主任和俄联邦航天局代表组成。

该评估委员会向发射司令官下达发射授权，发射司令官作为第二级机构下达发射授权，则启动发射倒计时程序。但作为发射司令官的支撑，航天器主任、火箭一~三级主任和"微风"M助推器主任，都有终止自己负责区域的发射程序的权力。

1958年，我国国防科学技术委员会成立，经过几十年的发射任务实践，逐渐形成了具有我国特色的"三级"发射任务组织指挥体系。

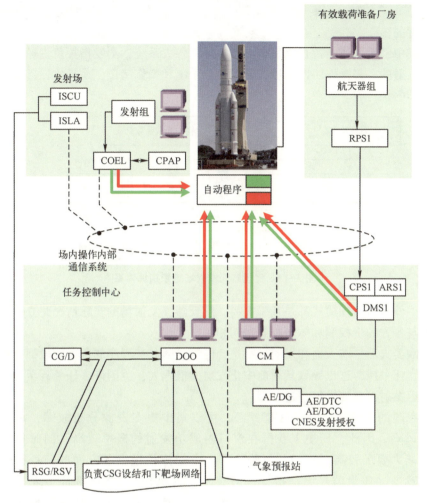

AE—阿里安公司；ARS—航天器地面站网络助理；CPS—航天器项目经理；COEL—发射场操作经理；
CPAP—阿里安产品项目经理；CG/D—靶场主任；CNES—法国国家航天局；CM—任务主任；
CSG—圭亚那航天中心；DOO—靶场操作经理；DCO—操作中心主任；DTC—技术中心主任；
DG—首席操作官；DMS—航天器任务主任；ISCU—有效载荷安全员；ISLA—发射区安全员；
RSG—地面安全员；RSV—飞行安全员；RPS—航天器准备经理

图 3-12 "阿里安" 5 火箭射前程序决策流程图

以国内发射场一般任务组织指挥模式为例，如图 3-13 所示。其三级指挥架构为：

（1）第一级，发射场的场区指挥部，是现场的最高指挥机构；

（2）第二级，测发指挥、测控指挥等大系统指挥员，还包括决策机构、质量监督机构、办事机构和技术协调机构等，各发射场有所区别；

(3) 第三级，测发各操作岗位[4]。这个三级指挥架构以发射场为任务组织指挥的核心。

其中，发射场指挥长负责全面指挥任务各大系统；测发指挥负责运载火箭测试发射的主要操作协同指挥；测发各分系统和操作岗位，是具体任务测试发射操作的执行者。

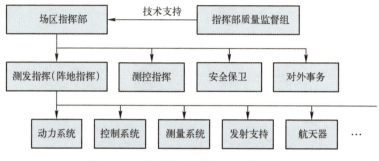

图 3-13 我国航天发射场组织指挥体系

中外组织指挥模式都是基于火箭、航天器、发射场的实际情况建立的，也与参与各方的责权利和体制机制密切相关。

欧美火箭、航天器和发射场都是合同制，因此在程序的各个阶段都有权退出，责任平摊，这也导致其射前中止发射的概率大，美国许多任务甚至经过多次推迟发射，有的推迟超过一年。

我国的决策集中在场区指挥部，可以集中更多资源分析故障，承担更大的风险。因此，历史上我国在窗口内成功发射的概率较高，同时指挥部成员能力要求较高。现场的风险决策，由指挥长根据各方面的信息和知识提出意见（质量监督组是指挥部的技术支持机构），指挥部成员表态支持或反对，最后形成决策结论，由指挥长下达测发指挥员（代表阵地领导小组）执行。

随着发射场各系统信息化水平的不断提高，扁平化是组织指挥模式发展的重要趋势。本质上是要求利用指挥自动化系统强大的收集、传输、处理信息能力来改变机械化时代的指挥体系，以缩短指挥周期，提高指挥效能。因此，各国发射场不断开发辅助决策系统，以提高指挥员决策的科学性。

4 辅助决策

早在 1986 年，美国 NASA 对在休斯敦的约翰逊航天中心的任务控制中心开展改造时，便开发和运用了数据通信专家系统，以实现中心状态监视自动化。同时也为电气系统控制人员开发了喷嘴控制专家系统，这个喷嘴专家系统在航天飞机的第31次任务中，成功检测出使X方向失控的喷嘴故障。NASA的（C Language Integrated Production System，C语言集成产生式系统）专家系统后被移植到各领域，作为辅助决策支持的典范。

经典决策支持采用故障树、决策树、关系矩阵、正向链接推理、故障字典推理和模糊故障字典推理等多种方法，对多约束并行条件进行判断。典型的发射决策支持系统推理过程如图3-14所示。采用故障树、关系矩阵、故障字典等方法进行故障定位。决策树法判断是否符合最低发射条件，通过发射预案计算允许的故障排查时间，并采用故障字典的方法进行故障处置对策生成。

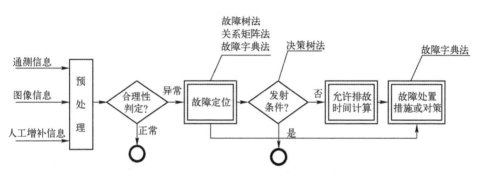

图 3-14　典型航天发射决策支持系统推理过程示意

这些典型的辅助决策方法，本质上，都是依赖于行业专家对系统的深刻认识，以及以前发射任务积累的大量工程实践经验，并将专家认识和实践经验进行抽象，成为知识库和推理样本，从而指导决策行为。

由于能够利用专家知识，无需对系统进行建模，决策判断易于理解，因此在早期辅助决策过程中得到了较为广泛的应用。

在辅助决策的过程中，信息的采集和预处理作为系统输入，依赖于对运载火箭关键部位关键参数的认识，即火箭可测试性的设计。产品在火箭飞行过程中，具有完成飞行任务的功能，是产品设计的根本目的。而地面测试时我们需要知道这些飞行功能是否正常，则需要对产品进行可测试性设计。在产品研制生产的不同阶段，产品的测试需求不同，测试产生的数据均输入辅助决策系统。

具体的故障处置措施，是辅助决策系统的输出。根据故障定位和允许处置时间的计算，采取经过充分研究的故障预案，这些故障预案通常是事先预判并制定好的，有时也根据具体情况临时研究预案并予以执行。辅助决策的中间过程是整个系统的关键，即故障的诊断和智能决策。

第3节　预案策略与处置原则

1　预案制定策略

我国航天系统对于问题的处置制定了完备的"双五条归零"体系。技术归零五条标准：定位准确、机理清楚、问题复现、措施有效、举一反三。管理归零五条标准：过程清楚、责任明确、措施落实、严肃处理、完善规章。双五条归零是从方法上实现对质量问题闭环控制的一套管理原则。

技术归零的五条标准：

（1）定位准确，出现任何问题所有原因逐一排查，原因找清楚；

（2）机理清楚，从系统和单机原理上，说清楚在定位的故障条件下，原因是出现问题的充要条件；

（3）问题复现，在同样条件下复现故障，证明定位及机理是正确的；

（4）措施有效，针对定位的部位和问题机理，进行改正措施，并经验证有效；

（5）举一反三，就是对同样型号、同批次、同类型相关产品、相关系统进行相同的改正和纠正措施，确保各系统均不再出现同类问题。

测试发射过程中，应严格按照"进度服从质量"的要求，不可降低标准，一切以质量控制为最终条件，不可放松要求，出现的问题均应当前阶段排除，不带任何疑点进入下阶段工作，否则会导致可逆性变低。

射前故障预案是为了应对射前出现的突发事件或故障，为了尽可能在有限时间内完成处置，并使运载火箭加注发射的各系统满足最低发射条件要求，所以射前的应急处置预案要考虑更为科学有效的策略。

在射前工作中出现故障，地面设备和箭上设备故障的影响是不同的。箭上产品在后续飞行过程中较为重要，而地面产品其功能上主要负责确保安全可靠地完成测试发射。因此，若地面产品故障，可以立即切换备份，确保在功能上能够继续完成测试发射，满足性能要求。如加注系统的加注泵损坏，立即切换备份泵。泵的具体故障，可以在发射后仔细分析排查，进一步进行处置。

而箭上产品出现故障，则必须定位准确、机理清楚，并且措施有效，确保不会影响飞行。对于举一反三和故障复现的要求，则可以在后续进一步分析。但机理不清，直接更换备份产品的做法，对于箭上产品是不适用的。必须辨明机理，确保影响不会扩展。如箭上某个机构无法启动，直接更换该机构是否能解决问题？也许能解决，但若不能排除供电系统故障等其他故障因素，就无法确定更换后会不会再次出现故障，或造成其他不良影响。

比如某型号运载火箭的发动机伺服机构，其动力在地面采用电机驱动，起飞后由发动机带动。在射前程序中，为保证起飞时发动机喷管是受控的，需要提前启动伺服机构。伺服机构的启动是最低发射条件。随着深入分析论证、仿真模拟及实验验证，即使伺服机构射前不用电机启动，在火箭发动机点火建压的过程中（此时火箭还未起飞），伺服机构在极短时间内就可接力采用发动机能源，从而使火箭喷管受控。从验证的情况看，射前程序伺服机构电机不启动，火箭的起飞姿态依然受控。

那么射前伺服机构启动异常就可以放过么？不行。从射前预案的角度，射前伺服机构电机启动异常，若不能判断是地面电源的问题，还是整个箭上伺服机构作动回路的问题，则不能确保伺服机构能够正常工作。

因此在制定预案时，需具体问题具体分析，箭上故障与地面故障的处置需灵活采取不同的策略，不能进入形而上学的怪圈。

2 射前故障处置的一般原则

1) 安全第一

安全第一是故障处置的首要原则，必须确保人员安全。安全相关故障先处置再报告，即出现有安全隐患的紧急故障，先处置再报告，或者边处置边报告。故障处置时必须保证人员安全，不得由于排故导致人员伤害。

2) 非紧急情况保持状态立即报告

若故障不会造成危险，则应将测试状态保持，做好现场保护。不要急于断电和开展其他工作，如果破坏现场状态，问题现象可能难以复现，并且改变系统状态也不利于故障的准确定位。

3) 影响最小，避免产生次生问题

问题的排查和处置本身必须严谨、科学、有效，避免产生次生问题，因为一个问题的处置，可能会造成其他问题，或对外系统产生不利影响。为最大限度地确保发射窗口，各系统的故障排查应尽可能减少对外系统的影响，当不具备处置条件时，满足"最低发射条件"即可继续后续发射流程。

4) 迅速隔离故障

早期航天发射工程实践中，根据一些经验教训总结了"五先五后"原则：

（1）先查操作，后查文件；

（2）先查状态，后查设备；

(3) 先查本系统，后查外系统；

(4) 先查地面设备，再查箭上设备；

(5) 先查电源；后查其供电设备。

当然，随着技术的进步，系统间接口关系的变化，相应的原则未必完全适用。

如对"先查本系统，后查外系统"的认识，当前系统间接口通常较为简洁或集中，因此通过断开系统间连接，容易对故障是否来自外系统做出准确判断。由此，即可在本系统内继续排查，而不必外系统始终配合排查，也减少了对外系统的影响风险。但其反映的一般思路仍值得借鉴，其理念的核心是根据对系统的认识和理解，迅速对故障进行隔离，既利于降低其影响范围，也利于快速定位。

5）分级负责

分级负责是行之有效的快速科学处置的办法。

(1) 对外系统和测试发射流程无影响的一般故障，分系统指挥员按照预案进行处置。

(2) 影响外系统工作但不影响测试流程正常进入下一测试阶段的故障，上报测发指挥员决策处置。

(3) 影响测试流程正常进入下一阶段的故障、处置效果与预期不符的故障、预案之外的故障，上报场区指挥部决策。

(4) 处置超过发射窗口或者需要退出发射程序的故障，上报任务总指挥部决策处置。

6）允许跨阶段处置

各系统预案制定时原则上应确保在本阶段内完成故障处置，如果在本阶段内不能完成，经过分析对其他系统和关键节点无不利影响，允许带入下一阶段继续处置。

3 允许处置时间

运载火箭射前故障预案的允许处置时间受任务窗口和各系统的特定技术条件限制，如大功率设备启动后连续工作时间、低温推进剂的温升、贮箱压力的升高等。

设置主动时间余量和安全恢复点，就是从流程设计的角度尽量增加不同时段允许处置时间的策略。当故障处置的时间在允许处置时间范围内，则表明各系统在故障处置完成后，仍可在工程要求的任务发射窗口时间段内满足最低发射条件要求，否则无法在窗口内完成发射，任务需要推迟。

理解允许处置时间的要点包括：具体允许处置时间长度的计算和运载火箭射前流程有些项目执行后的不可逆性。一般来说，两个不可逆项目之间的压缩时间才是有效的处置时间，不可逆项目前后阶段的处置时间不可叠加使用。

1）允许处置时间计算

允许处置时间的计算，如图 3-15 所示。

允许处置时间 = 任务窗口长度 + 后续工作时间余量

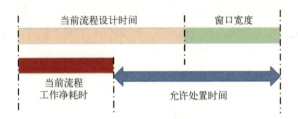

图 3-15 允许处置时间示意

任务窗口长度由工程总体目标约束，通常难以进一步放宽。但在部分工程任务执行过程中，也有可以进一步放宽窗口长度的时候：如有多个工程任务时，工程总体紧急决策，某一任务目标不再作为最低发射条件，因此不需考虑，则任务窗口可以进一步放宽；或工程技术的某个具体技术指标降低标准，如科学实验的持续时间等。

后续工作时间余量，由程序设计时设置的主动时间余量表征。航天测试发射是多系统协同的复杂系统工程，各系统为确保安全可靠，在项目工作时间设置上往往留有余量，这也是合理的。在应急条件下，这部分余量则可以用作故障处置，这也是这些时间余量设计的初衷。

2）射前流程不可逆性

在考虑射前应急处置时间时，需清楚液体运载火箭，特别是低温液体运载火箭射前流程具有不可逆性，且随着流程的进行，这种不可逆性趋于增强。换言之，随着液体运载火箭射前程序的进行，其逆程序的代价越来越大。

在推进剂未加注前，射前程序暂停，或重新进入发射程序难度较小。而随着推进剂加注，特别是液氧、液氢等低温推进剂进箭，程序的可逆性则大幅降低。

早期运载火箭受材料和结构的限制，低温推进剂进箭后难以推迟或开展逆程序工作，因为贮箱和关键阀门、管路等结构无法承受第二次低温考验，因此无法开展逆程序再次加注。如果在加注后无法发射，就意味着需要更换贮箱等模块，对任务影响大。

对于管路平时要求保持干态，射前填充推进剂的发动机，填充动作完成后，射前程序的可逆性大幅降低。因为填充后推迟或泄回走逆程序，填充部位的推进剂品质保证或后处理难度较大，某些工作甚至无法在发射区完成，必须返回技术区，在特定条件下执行。如，液氧煤油发动机中煤油路采取抽真空填充方法进行，抽空后打开煤油隔离阀填充煤油是一个关键决策点。

实战案例

以我国某型液体运载火箭射前程序进入不同阶段的可推迟发射时间为例，如表3-4所示。可以看到，随着射前程序的执行，程序的可逆性越来越差，关键动作执行后，受产品技术状态的限制，允许推迟发射的时间越来越短。

表3-4 某型运载火箭射前程序不同时段允许推迟时间

序号	工作或动作	时段	执行后允许推迟发射时间
1	推进剂加注	−12h	200min
2	箭上电气系统加电	−4h	160min
3	箭上电池加温	−2h	160min
4	关闭加注阀	−6min	120min
5	摆杆摆开	−2min	3min

第4节 推进剂泄回逆程序

一般情况下，运载火箭测试发射任务过程中，出现问题故障，经过故障排查和归零等工作，确保问题已解决，对后续任务实施和火箭飞行无影响，则可以继续流程。在极端情况下，则可能导致需执行逆流程，包括：遭遇台风，运载火箭需返回技术区；发射区出现故障，故障排查处置需返回技术区执行，发射区不具备执行条件；运载火箭已加注，故障排查处置时间较长，运载火箭箭上关键参数指标无法保障，需要泄回推进剂等。

1 推进剂泄回概念与情况判断

推进剂泄回，指将运载火箭贮箱内推进剂泄出至地面贮存容器内的过程。推进剂泄回的情况判断，主要包括：

（1）由于任务发射窗口的推迟，推进剂在运载火箭贮箱内无法满足参数指标要求，如温度无法维持、箱压难以控制等。

随着任务的推迟，液氧、液氢、煤油等推进剂温度难以维持，而运载火贮箱本身无推进剂温度调节的有效手段，无法对推进剂进行降温等操作，因此需要进行推进剂的泄回。运载火箭结构设计和发动机的技术要求，运载火箭推进剂加注后必须在一定时间内发射，否则需要泄回推进剂，视情组织再次发射，特别是对于氢氧等低温推进剂，运载火箭贮箱结构往往难以长时间贮存推进剂。

（2）由于问题排查，必须将运载火箭由发射区转运至技术区的，运载火箭需泄回推进剂，空箱状态返回技术区。

实战案例

2019年7月，印度采用GSLV Mk3火箭发射"月船"2号任务，期间先是由于操作原因，弄坏了"月船"2号探测器的着陆腿，任务推迟。

7月15日，第一次尝试加注发射程序中，射前-56min连续出现三级液氢加注问题和电池故障。由于临时设计泄回方案，导致在发射工位花费了10h，才完成了推进剂的泄回，运载火箭返回技术区垂直总装测试厂房，任务再度推迟。最终，火箭于7月22日发射成功。

实战案例

我国某型火箭任务，煤油加注完成后，液氧加注前气象会商显示高空风等指标超过限制值，气象条件不利，程序转入煤油加注后停放。

系统对停放过程进行分析认为，虽然煤油温度变化仍满足最低发射条件，但随着煤油温升膨胀，贮箱的气枕容积过小，余度不足，存在安全风险。最终决定部分泄回煤油推进剂，再次组织煤油调温及加注。为此制定了详细的重进发射程序计划，最终火箭发射取得成功。

➢ 实战原则：低温推进剂加注需设置强制决策点

低温推进剂加注后再泄出，对箭上阀门、活门、传感器、导管等部件带来不利影响，火箭可逆性变差。因此，在推进剂加注前，需确认各系统没有隐患或故障。

2 推进剂泄回的安全控制与状态要求

推进剂泄回是推进剂加注的逆流程，在运载火箭箭上与发射场地面系统设计上，应充分考虑逆流程执行的通路设计，确保箭上加注阀门以上及以下推进剂有泄回通路。

推进剂泄回，特别是低温推进剂泄回时，必须坚持安全状态控制，主要状态管控要求如表3-5所示。

表 3-5　推进剂泄回安全控制要求

运载火箭系统 安全控制要求	航天器系统 安全控制要求	发射场系统 安全控制要求
运载火箭从"发射"状态转为"停放"状态； 若已实施紧急关机，则需确保紧急关机成功，确保发动机已关机，确保箭上除参加推进剂泄回的设备外均断电； 确认火箭在发射台上停放的稳定状态； 箭上各系统电池插头断开，火工品处于安全状态（连接短路插头）； 运载火箭相关部位、部件开展防水防潮措施； 电气系统、动力系统推进剂泄回和确保安全状态必需的连接器恢复连接	航天器系统从"发射"状态转为"安全"状态，载荷断电，射频系统处于"静默"状态	确认加注系统具备推进剂泄回条件，勤务塔、发射平台等系统状态恢复，空调等保障符合产品要求，消防等勤务保障系统具备随时保障条件，医疗救护保障就位； 要求发射场附近测控、气象等大型无线电设备"静默"；气象系统及时对雷电、大风、强降水等过程进行预警

推进剂泄回需注重与加注过程的不同。加注管路通常设计时工况是加注状态，泄回时推进剂的流向不同，箭地各系统间压力不同。如果加注系统设计时，充分考虑了泄回通路，通过泄回通路进行沟通即可完成推进剂泄回。

如图 3-16 所示，加注时推进剂由库区至箭上，通过泵压或挤压的方式加注至箭上贮箱。泄回时，推进剂由主管回到库区，需考虑贮箱压力（气枕压力）和库区压力平衡的问题。因为通常加注路低于火箭加注活门入口，因此要避免水击，即液体倒泄时由 A 点受重力作用而"自由落体"冲击 B 点，将对管路、阀门和过滤器等造成不良影响。为避免水击，可适当在贮箱的推进剂泄回之前，先将地面管路进行填充，尽量将 AB 段填满或至一定高度，从而将水击的风险降到最低。

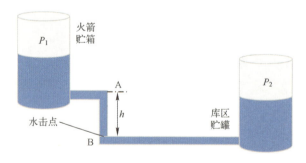

图 3-16　推进剂泄回通路示意

同时，加注时，地面库区贮罐增压，或者使用泵增压，使得推进剂加注进入火箭贮箱；泄回时，则需要谨慎调整库区和箭上的贮箱压力，使得推进剂泄回的同时，贮箱不产生负压，造成推进剂的"抽吸"，或箱压低于外界大气压力,造成贮箱异常承力。

3 推进剂泄回程序设计

1) 泄回准备

按照推进剂泄回工作开展和安全控制状态要求,各系统进行技术状态准备,确保处于安全状态,具备推进剂泄回的条件。

动力系统恢复气液路连接,包括泄回必需的加泄连接器连接、对箱压进行控制的气管连接器、吹除隔离等功能的气管连接器、共底抽真空进行检测的管路连接等。

电气系统恢复电路连接,以保障动力系统发动机阀门和电磁阀可控,恢复液位检测电路,恢复低温系统进行火箭温度、压力检测的电路等,以便在泄回的过程中及时掌握火箭的整体状态,加强对泄回过程的控制。

除各系统安全状态控制外,推进剂泄回直接相关系统需明确推进剂泄出的对应库区贮罐技术状态,检查相应管路阀门状态,视情进行调整。

泄回推进剂的回收装置,如液氧的收集罐等,如有需要,应提前准备好。

贮箱在泄回前一般泄压至零表压,避免泄回开始产生系统负压。

各系统间网络连接正常,沟通顺畅,以便泄回程序执行有序,并能够处置出现的其他应急情况。

2) 泄回顺序

推进剂泄回过程通常与加注过程次序相反,即优先处置温度更低、安全控制难度更大的推进剂。泄回具体的某一种推进剂时,先小流量、后大流量,先泄回加注阀以上的推进剂,后泄回加注阀以下的推进剂。

以 CZ-5 运载火箭为例,推进剂泄回顺序为液氢—液氧—煤油。

液氢正常泄回一般程序是,先进行加注管路预冷填充,再泄回液氢贮箱加注阀以上的液氢,再通过发动机泄出加注阀以下的液氢,最后进行液氢贮箱置换。先进行管路预冷的目的是排放加注管路内的热液氢,将加注管路冷却,充填,避免泄回的过程中液氢大流量填充加注管路,从而造成火箭贮箱压力失控。一般需预冷至加注管路末端温度接近始端温度时,才打开液氢的加注阀进行泄回。流量控制通过调节液氢箱压与目标容器的压力实现,应先小流量,逐步增加。通常泄出流量可控制在大流量加注水平(大流量加注的流量是根据系统管径等关键参数合理设计的),当贮箱接近加注阀高度时,应减小流量。

液氧泄回程序一般是,先进行加注管路预冷,再泄回液氧贮箱加注阀以上的液氧,再通过发动机泄出加注阀以下的液氧,最后进行液氧贮箱置换。预冷的原因与控制原则和液氢相同。泄回时同样需要关注箱压控制和流量控制。加注阀以下的液氢液氧一般通过发动机管路泄回，不同的发动机泄回通路不同。

包括煤油等非低温推进剂泄回，仍区分加注阀门以上和加注阀门以下进行泄回，控制箱压与泄回流量。

当然，也存在只泄回某一种推进剂的情况。如 CZ-5 运载火箭液氧加注后，具备推迟几天发射的能力。若液氧加注后发生推迟，煤油系统温度或箱压等参数难以控制，需要泄回煤油。在箭体结构载荷允许的前提下（分析煤油泄回后，煤油箱空箱状态的箭体载荷），则只单独泄回煤油即可。

3）泄回过程的状态和安全控制

泄回过程要随时关注系统关键参数状态，特别是压力、温度和流量等信息。

全过程应统筹考虑箭地压力控制，应先进行地面管路的填充，平衡箭上和地面的压力，防止泄回的过程中出现贮箱负压的情况。在加注阀以上液氢泄回时，需主要注重压力控制和流量控制。压力控制，即在泄回过程中时刻注意箱压，贮箱压力应保持正压，严禁出现负压状态。液氢液氧贮箱的压力差，应满足共底要求的压力范围。液氢贮箱压力应控制在保险阀（安溢阀、紧急排气阀）打开压力以下。

泄回过程中，应保持发动机及增压输送系统管路、活门的吹除、气封气，防止水汽浸入。液氢系统一般用氦气吹除，液氧系统一般用氮气吹除。

4）推进剂泄回后状态管控

箭上推进剂泄回后，按需对贮箱进行置换，以确保安全。同时对箭上气瓶进行放气，至安全压力等级，确认箭上管路阀门状态，避免破空造成污染。

参考文献

[1] 钟文安，张俊新. 航天测试发射原理［M］. 北京：国防工业出版社，2020.

[2] 王秋燕. 正在发射［M］. 北京：解放军出版社，2019.

[3] Jonathan H. Ward. Countdown to a Moon Launch［M］. London：Springer，2015.

[4] 万全，王东锋，刘占卿，等. 航天发射场总体设计［M］. 北京：北京理工大学出版社，2015.

第 4 章

运载火箭电气系统典型故障处置策略

运载火箭电气系统设备多为智能单机、传感器、执行机构，以及配套的中间装置和相应的电缆网。

电气系统射前主要的故障包括漏电、关键设备故障、关键动作执行故障、关键软件运行故障等。相比而言，运载火箭电气系统的设备经过任务过程中的测试，测试覆盖性通常优于动力系统（动力系统的低温状态等在射前通常较难考核），因此关键设备故障、关键动作执行和关键软件运行故障等出现概率较小。而漏电、液位传感器相关的故障，由于与运载火箭加注后的具体箭体环境相关，在前期的测试过程中难以真实考核，是电气系统射前故障要重点考虑的方面。

第 1 节　电气系统漏电

1　漏电的概念

目前，运载火箭箭上电气系统均采用直流电源供电，电源与电源之间以及它们与火箭箭体壳之间采用浮地绝缘方式。

浮地，也称悬浮地。顾名思义，指系统与大地不连接，或与其他接地系统的地也不连接，是独立系统。选取其中一点作为地（参考电位），即为浮地，常用在小信号系统或强弱电混合系统中。对于运载火箭电气系统浮地设计来说，其主要特点就是与火箭壳体不连接，因为壳体一般被视为公共地，在很多情况下会与大地连接，如图 4-1 所示。浮地的优点是与其他地不混杂，不易引入干扰。

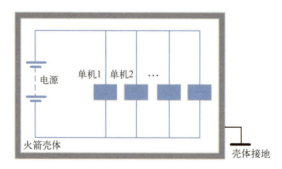

图 4-1　火箭电气系统浮地示意

地面测试过程中，由地面专用电源供电，飞行中由箭上电池供电。供电母线和运载火箭及设备仪器壳体之间是绝缘的，当母线和壳之间绝缘性能下降时，便产生一条从正母线经过壳体回到负母线的电流通道，这种现象称为漏电[1-2]。由于电气系统箭上为浮地设计，所以漏电电阻相当于绝缘电阻，应满足绝缘阻值大于某个值（如5MΩ）的要求。

火箭在发射区测试时，各系统漏电阻值是需要关注的关键参数，特别是火箭低温加注之后，箭体周围环境温度降低，箭上易发生结露现象，给箭上电缆网的防水防潮带来挑战，同时也使发生漏电的概率升高。

漏电测量的具体方法多样，但由于运载火箭箭上系统特点，难以在箭上电缆网增加传感器等测量设备，因此通常在地面采用电流表或电压表对母线漏电进行测量[3]。以简单的单端电流表母线漏电测量方法为例，其测量电路示意如图4-2所示。

假设-M母线漏电，其漏电电阻为R，意味着-M母线与壳间有等效阻值为R的搭接电阻，若采用电流表测量漏电时，表笔与+M母线搭接，才能构成回路，且此时有

$$I=V/(R+1)$$

因此可以认为，漏电流与绝缘阻值大体成反比关系，漏电流越小，绝缘阻值越大。

也有使用电压表进行漏电电流测量的，或采用双端漏电测量方法，如图4-3所示。采用单个电流表，同时可以测量正负母线端的漏电。若负母线和正母线对壳漏电，则形成不同的漏电测量回路，在电流表上根据漏电流示数可以计算得到漏电阻（绝缘电阻）。

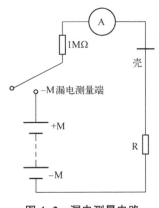

图4-2 漏电测量电路

特殊情况下，若正负母线同时漏电，则该方法难以准确地反映真实的漏电情况，且正负端对壳绝缘阻值越接近，则漏电表处流过的漏电流越小，系统可能会误以为绝缘电阻很高。因此，这种测量方法存在对双端漏电误判的风险。

漏电是运载火箭电气系统的"顽疾"，特别是对于低温液体运载火箭，漏电原因多，系统电缆网复杂，排查难度大。产生漏电的原因很多，如图4-4所示。

1）设计生产缺陷

运载火箭的设备、仪器的密封性均有一定的要求。由于生产过程中某种原因，仪器的密封性能可能不满足要求。在发射场环境下受潮，引起绝缘性能下降，产生漏电。另外，运载火箭的设备在生产过程中对生产工艺有很高的要求。但在实际生产过程中会由于某些因素使线路板、元器件被污染，导致绝缘性能下降，从而引起漏电故障。例如曾出现继电器中银离子迁移导致绝缘性能下降。

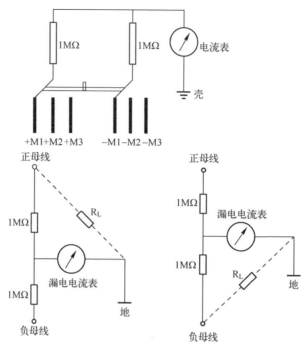

图 4-3 正负母线对壳漏电示意图

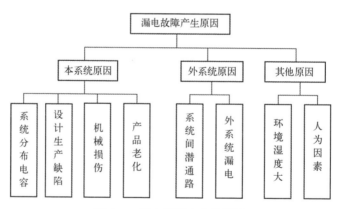

图 4-4 漏电故障产生的原因

2）机械损伤

有些仪器或电缆在运输和使用中受颠簸、磨损、踩踏等，导致其内部元器件损伤，电缆绝缘层破裂等，这些都可能会造成绝缘性能下降。例如曾出现因电缆外绝缘层的铜丝刺进电缆内导致漏电现象；还有曾出现过动力系统皂泡法检漏，肥皂液滴漏到电缆，造成漏电的故障。

3）产品老化

箭地产品均有使用周期，通常地面测试设备的使用周期是 5~10 年，长时间使用，在不同环境下，产品自然老化速率不同，可能造成线路绝缘性能下降。

4）分布电容的影响

运载火箭系统庞大，电缆网较长，以我国 CZ-5 火箭为例，电气系统箭上电缆网主线分支长度超过 100 米。在发射场测试过程中，由于电缆比较长且中间环节较多，使线路之间以及线路和壳之间存在一定的分布电容。

当接通漏电检查开关时，系统通过分布电容形成一个充电过程，漏电表将有漏电流通过，引起指针一定幅度的偏转，充电结束后，指针会缓慢归零。通常，这种情况表现的漏电属正常现象，线路的分布电容会随系统的状态与外界环境的变化而改变。

5）系统之间形成潜通路

对于电源母线有连接的两个系统，当某一系统母线不带电时，其线路设备可能由于外系统供电而形成漏电通路，即潜通路。

如某型火箭推进剂利用系统的供电是由控制系统的正母线来提供的，它的控制台上的电源仅供本系统测试时使用。因此控制系统的正母线和推进剂利用系统的负母线是相连的。由于控制系统和推进剂利用系统检查漏电的方式相同，如果两系统同时检查漏电，则会形成一条漏电通路，如图 4-5 所示。

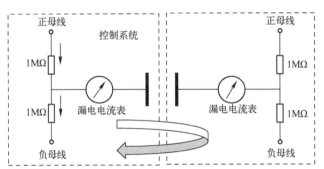

图 4-5 系统间潜通路示意图

6）外系统漏电影响

各系统间存在一定的信号联系，其他系统的线路绝缘性能下降后，会造成本系统的母线对壳绝缘性能下降，从而产生漏电。

7）外部环境

由于发射场环境潮湿、雨淋，或低温加注后箭体结露等影响，运载火箭长排整流罩内电缆插头、电阻盒等，以及舱内靠近贮箱的设备严重受潮，造成绝缘性能下降。

8）操作不当

在某些情况下，由于使用工具时操作不当，会产生漏电故障。例如在检查绝缘电阻时，由于检查人员手接触电流表头，使母线通过人体和壳相连，从而造成绝缘性能下降，属于人为因素所造成的漏电。

2 漏电的影响

电气系统漏电影响分为对电池本身的影响和对用电设备的影响（包括本系统和外系统），主要包括以下 5 类。

1）对电池容量的影响

电池容量，表示电池可释放的电量，通常以 Ah 为单位（1Ah = 3600C）。如果运载火箭电气系统正、负母线对壳绝缘同时下降，则形成一条电流为 i 的漏电通道。对一定的漏电负载，长时间漏电会造成电池容量的损失。

电池的容量控制是射前需要重点关注的事项，为保证箭上电池有效电量主要保证飞行使用，并有一定安全余量，发射程序中主要使用地面电源为箭上设备供电，以完成加注和测试，仅在靠近点火时刻才转为箭上供电。

因此，箭上电池电量的设计，是满足转电后直至飞行结束的需要，并考虑一定的安全余量。若漏电导致箭上电池电量过度消耗，飞行过程中电量不足，电压不稳，则可能造成严重后果。

如图 4-6 所示，漏电电流 i 为

$$i = \frac{V}{R_1 + R_2}$$

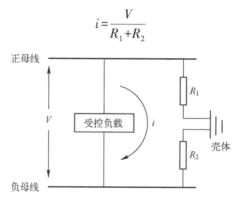

图 4-6 漏电对电池容量的影响

设电池容量为 H，系统工作时间为 t，若要求漏电消耗的容量不能超过电池容量的 10%，则有

$$\frac{V}{R_1 + R_2} \times t \leq H \times 10\%$$

2）对电磁阀的影响

箭上漏电对电磁阀的影响，主要是可能造成电磁阀无法打开，或打开过程不顺畅。

箭上电磁阀要求供电电压通常小于母线供电电压，因此母线单端漏电对电磁阀没有影响，因为输出电压不变。如果正负母线间漏电，则相当于电磁阀供电通路上并联了负载，对电磁阀也没有影响。但如果漏电量较大，影响电池电压稳定输出，则可能对电磁阀的开关造成影响。

3）对火工品的影响

对火工品的影响分两方面说明：一是不起爆，由于箭上火工品的阻值都很小，在 10Ω 以下，绝缘电阻远大于火工品回路阻值，因此旁路的电流不大，不容易造成火工品起爆，除非漏电电阻达到欧姆级，即接近导通；二是误爆，误爆的条件是同路固态继电器不工作情况下，回路中串入大电流，而在漏电条件下，漏电负载为旁路并联负载，不易串入大电流，误爆可能性较小，如图 4-7 所示。

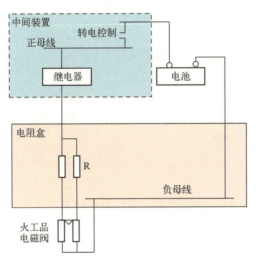

图 4-7 典型火工品、电磁阀供电电路

4）对带电设备影响

系统漏电，除对电磁阀、火工品外，需关注是否对用电的智能单机有影响，是否影响正常工作，甚至造成单机损坏。

若对壳漏电，则需要考虑对外系统的影响，即小概率情况下，两个系统的母线均对壳漏电，则可能造成电源并联的情况，若存在大电压，如伺服机构中频供电，通常供电电压超过 220V，高达 380V，若漏电至 28V 供电的设备，则可能造成设备损伤。

5）漏电相关的二度故障的影响

单纯分析漏电本身，则漏电对电池容量不影响，满足飞行过程中设备供电需求。漏电不会触发用电设备误动作，就已经基本满足了运载火箭飞行对供电的基本要求。

若进一步考虑二度故障或风险，如控制系统漏电，同时测量系统也漏电，那么可能形成电流潜通路，互相影响对方设备，影响分析难度加大。或者对壳漏电，在飞行过程中若遭遇雷击，则可能直接将雷电引入系统，造成严重后果。

因此，一方面要全面分析各种故障模式，充分考虑到二度故障（甚至三度故障）的情况；另一方面要合理判断二度故障发生的概率。系统设计上，已经充分考虑了可靠冗余等设置，因此一度故障出现的概率已经较低，出现二度故障的概率则更低。

3 漏电处置的一般原则和策略

由于运载火箭电气系统漏电的原因较多，且可能涉及的系统、单机设备和电缆网范围较大，因此射前出现漏电问题处置的关键在于定位和影响分析。

为快速定位漏电部位，漏电处置采用"隔离法"，即遵循以下原则：
先外系统、后本系统，先地面、后箭上。

首先确认与本系统有连接关系的外系统，断开系统间连接插头，若故障消失，则问题出在系统连接插头或外系统；若故障仍存在，则问题出在本系统，后续排故集中分析本系统内可能的漏电部位即可。

单个系统排查时，首先通过分析确认故障是箭上还是地面，以迅速缩小分析范围。将漏电部位定位在箭上或地面后，则根据系统箭上或地面的单机与电缆网连接关系，逐一断开电缆连接，观察漏电现象是否消失，从而判断单机或电缆是否漏电。

测试过程中，若时间充裕，可采用穷举的方式逐一排查。而在射前，排故时间十分有限的情况下，则需要根据对系统的认识，综合单机技术状态、任务测试情况、环境变化情况等，迅速判断最容易漏电的部分，特别重点关注发射日由于低温结露影响积水结冰的部位。事实上，在实战任务过程中，通常的情况是由于窗口限制，故障排查的时间有限，这就要求岗位人员利用任务执行过程中的经验，对产品技术状态和环境等变化影响，迅速定位。

漏电部位定位后，系统需迅速同步开展漏电部位处置和影响分析。由于发射窗口限制，射前漏电故障处置时间有限。

若处置时间超出窗口限制，则必须根据影响分析的结论，即对照漏电的危害，分析对电池、火工品、电磁阀以及本系统和外系统单机设备的影响。判断是否对漏电故障进行放行，即在漏电情况下仍执行发射。这一决策，必须建立在故障定位精准，影响分析科学全面，确认不影响运载火箭飞行的情况下。一般的处置策略流程如图4-8所示。

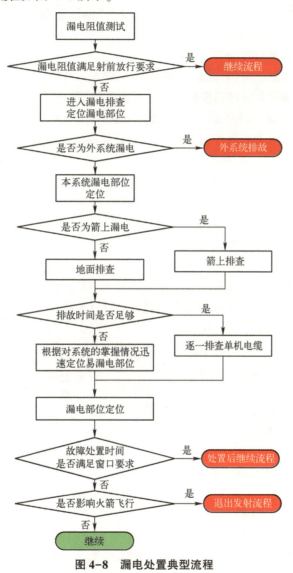

图 4-8 漏电处置典型流程

4 实战案例

案例一

2011年某型火箭发射任务中，流程进入控制系统射前功能检查项目。测试前，系统对设备加电前的电源母线开展绝缘检查，测得控制系统地面供电母线出现了漏电。

此时，虽距运载火箭点火发射尚有十几个小时的时间，但一方面两条母线全漏电，情况较为严重，另一方面，常温推进剂已加注完成，射前功能检查后，按计划即将开展一些准备工作进入低温加注和点火射前程序，因此若排故时间过长将可能导致发射推迟。

当天箭上常温推进剂已加完，空气湿度较大，由于推进剂调温诸元计算的要求，常温推进剂加注的温度较低，火箭箭壁结露情况严重，凝结水滴汇集成股，沿箭壁内侧和外侧同时流入火箭底部。现场操作人员进入火箭一级和助推模块尾段，发现火箭一级和助推模块尾段底部有较多积水，且还在不断汇集，如图 4-9 所示。

控制系统岗位人员按照"先外系统、后本系统，先地面、后箭上"的原则进行了初步的排查分析后，根据现场特殊情况和快速排故要求，迅速将漏电重点检查部位定位在箭地连接部位。

控制系统在箭体尾段通过脱拔电缆进行箭地连接，主要作为地面向箭上供电和箭地信息采集的通路。定位后，岗位人员对控制系统断开脱拔电缆，发现电缆插头有大量积水，说明脱拔电缆的箭上侧渗水严重。

系统对漏电的影响进行了分析，复核电池容量、箭上电磁阀和火工品状态，确认此次漏电对箭上产品无影响后，果断采取快速处置措施。

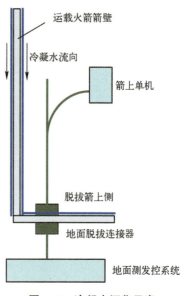

图 4-9　冷凝水汇集示意

（1）脱拔电缆处理。将脱拔电缆倒置、控水、擦拭、烘干、包裹防潮砂，打开脱拔电缆的保护罩，清除积水，对插座进行烘干，对箭上侧进行防水处置，涂防水胶。

（2）处置后增做脱拔电缆线路相关的绝缘阻值测试，并通过箭上电阻盒处测量关键线路，包括火工品、紧急关机和紧急点火通路的绝缘阻值。

经过应急处置和测试，绝缘阻值满足要求，系统分析认为，此次漏电不影响点火发射。最终火箭成功发射，任务取得成功。

> 实战原则：漏电处置一般原则先外系统、后本系统，先地面、后箭上
> 实战原则：周密组织、周密实施

案例二

2008年某型火箭发射任务中，发射进入-80min准备时，测量系统进行遥测箭上地面供电时发现遥测漏电指示异常，判断为系统正母线漏电，经计算，漏电电阻为900kΩ~1MΩ，尚未超过系统漏电的放行值。

此时已进入射前-80min准备，时间紧迫，系统紧急针对漏电原因开展迅速排查分析。

（1）系统复核了射前-3h的引爆线路检查以及之前的测试项目。复核发现，前续测试过程中，遥测系统箭上地面供电均不漏电，而前续过程测试状态为仅连接负母线状态（通常电路通断由正母线控制，负母线始终连通）。因此推断此次漏电为正母线漏电可能性较大。

（2）为进一步区分是箭上漏电还是地面漏电。系统执行箭上转电操作，转电后断开地面供电，此时系统由箭上电池供电，后端仪表示数显示漏电现象消失，说明箭上设备工作正常，排除了箭上漏电模式，判断为地面漏电。

（3）为进一步验证，系统人员将箭上供电转回地面供电，但此时故障并未复现，转回地面供电后故障消失。分析认为，在转电期间动作的设备可能出现接触不良或存在多余物、异物等问题，导致漏电为偶发现象。

全面分析系统，发现此过程中，只有遥测地面供电的继电器工作，同时遥测地面供电是正母线供电，符合正母线漏电的推断。

通过逻辑推断，系统人员认为地面供电的继电器出现了问题。

经过以上排查，系统认为目前漏电尚在放行值允许范围内，且转电后不再漏电，对测试发射后续工作和飞行无影响，决策继续当前测试发射工作。后续将含有地面供电继电器的测量配电控制组合返厂进一步检修。

最终，任务发射取得成功。

案例三

2018年，我国某次发射任务，执行至射前-2h阶段，控制系统在进行母线漏电检查时测得供电母线漏电电压和对地绝缘阻值均不满足射前放行准则要求。

系统分析，由于除供电母线外，其余母线均满足要求，而控制系统地面母线主要给箭上惯组、箭机、速率陀螺以及地面设备供电。单端供电母线绝缘阻值偏低不会对电池容量及供电对象的工作电压产生影响，母线为控制系统地面供电，漏电对外系统也无影响。初步判断该现象对点火及火箭飞行不会产生影响。

分析又提出，较大的风险为雷击风险，由于供电母线对地绝缘阻值过低，箭体受雷击后可能会产生大电流，烧毁箭上及地面设备。

现场迅速复查了运载火箭发射场坪的三个避雷塔的接地阻值情况，均满足发射场防雷使用要求，检查了大气电场和空中电场处于一个较低的水平。发射场气象情况也满足最低发射条件要求，预报条件发射过程中无雷电。因此，发射场出现雷电，导致雷击烧毁箭上及地面设备的风险发生的概率较小。

综合以上判断，系统认为可以放行。最终未采取措施，运载火箭发射成功。

第2节 箭上液位相关故障

1 液位的概念

液体运载火箭箭上液位传感器和变换器分布于全箭各部段贮箱，传感器用于贮箱液位参数的敏感，用于计量推进剂的体积量。

液位信息在加注发射过程中，用于箭上推进剂的加注定量；而在飞行过程中，液位信息用于判断推进剂的消耗量，并视情根据燃烧剂、氧化剂的消耗情况进行推进剂混合比的控制；在液位达到贮箱底部特定值时，则产生耗尽信号，使火箭耗尽关机。

按液位传感器是否连续测量分为点式液位传感器、连续液位传感器两类。所谓点式液位传感器，即在贮箱的固定位置设置传感器，当液位到达相应位置时，输出液位到达信号，根据事先标定好的数值，确定当前贮箱内液体容积。如产生耗尽信号的耗尽关机传感器，其实质是点式液位传感器。

连续液位传感器，顾名思义，即通过不断累积求和求得当前液位值的传感器。当然，在严格意义上并不是"连续"的，而是分成了若干小节，节节叠加，从而计算出当前液位高度，再根据高度反算容积。对于液面蒸发（沸腾）较为激烈的推进剂，如液氢，连续液位传感器的精度要稍差些。

由于液位测量的重要性，液体运载火箭贮箱中通常设置冗余的液位传感器。如图4-10所示的贮箱，即同时设置了连续液位传感器和点式液位传感器。

2 液位故障的影响

液位信息对于运载火箭的加注和飞行均至关重要，加注发射过程中若液位信号出现故障，可能的影响包括：

1）影响加注的精度

液位信号故障，则影响运载火箭箭上对推进剂加注量的判断。当然，加注过程中地面加注系统也会对加注流量、加注量进行计算，但通常箭上液位计量

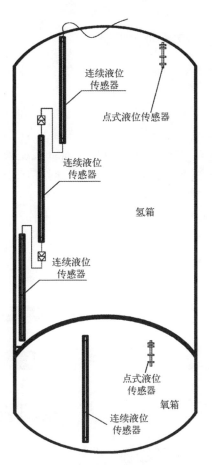

图 4-10 典型贮箱液位传感器设置示意

的精度更高[4]，特别是对于液氢和液氧等低温推进剂，采用箭上定量的方式其加注量测量才更为准确。

因此在加注的过程中，若箭上用于定量加注的传感器出现故障，则会影响加注的精度。

2）影响飞行过程中推进剂消耗量的判断

液位异常，影响飞行过程中推进剂消耗量判断。采用利用系统对推进剂混合比进行控制的运载火箭，利用系统将无法获得液位信息，从而无法调节推进剂混合比。液位信号测量的精度直接影响到利用系统的调节能力，决定了运载火箭推进剂的剩余质量[5]，进而影响有效运载能力。对于特定剩余液位设定为耗尽关机信号的情况，则可能发不出耗尽关机信号，对飞行造成不利影响，有时还可能影响发动机的安全工作。

基于以上影响分析，一般而言，需必保一套液位测量装置。

3 液位故障处置的一般原则和策略

由于不同的运载火箭液位信号的设置目的略有不同，因此处置过程中的考量不尽相同。

通常，液位信号出现异常，首先应由系统通过其他参数辅助判断是否确为传感器故障，如仅为箭地信号通路故障，传感器正常，则飞行过程中液位测量装置仍可正常发挥作用。若确实为液位传感器（或变换器）故障，则需逐一分析对加注过程和飞行过程的影响，以决策是否可以继续加注发射。若故障的液位传感器或变换器无冗余，又影响火箭的加注和飞行，则需要考虑是否有条件和足够的时间开展液位传感器或变换器的更换操作，一般的处置策略流程如图 4-11 所示。

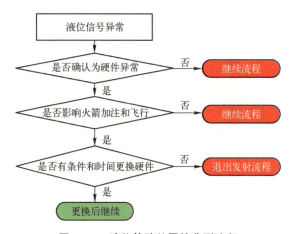

图 4-11 液位故障处置的典型流程

4 实战案例

案例一

2010 年某型火箭发射任务中，发射日程序进行至低温加注阶段，低温推进剂液位上升过程中，液氢液位三角波电压信号突然出现零电位电压值飘高的异常现象，接下来当液位电压上升至三角波峰值时，峰值电压同样飘高。此时为液氢大流量加注阶段，液氢液位电压应无零位飘高的现象。

典型液位传感器采用多环同轴电容式结构，即由多根较短的薄壁铝管作为外电极，由一根较长的薄壁铝管作为公共内电极，相当于将多根环形电容传感器串联起来使用，组成多节环形电容，通过每节电容测量值的比较，计算出推进剂的液位高度。对于单节长度为 L 的传感器，如图 4-12 所示。传感器在被

测介质中的电容量 C 为

$$C = 2\pi \frac{L\varepsilon}{\ln\frac{D}{d}}$$

式中：C 为传感器在气相中的电容值（pf）；L 为传感器内外环长度（cm）；D 为外环内径（cm）；d 为内环内径（cm）；ε 为被测介质气相介电常数，气体的介电常数 $\varepsilon_0 \approx 1$。

将多节电容式传感器串联，形成连续液位传感器，如图 4-13 所示。

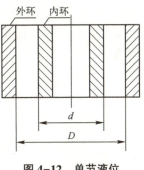

图 4-12 单节液位传感器示意

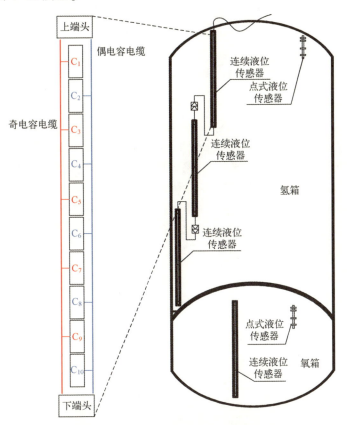

图 4-13 典型贮箱连续液位传感器示意

液位变换器将变化的信号采集并转换成电压信号传输至地面或者箭上利用系统。其核心部分就是变压器电桥，将液位传感器电容分为奇偶两组，分别接入变换器的电桥的两臂，如图 4-14 所示。当液位变化引起的传感器电容变化,通过变压器电桥作用,转换为交流输出电压,最后经过检波器转换成满足需要的 0~5V 直流电压。工作时,两个电容桥臂随着被测液位的变化交替工作。

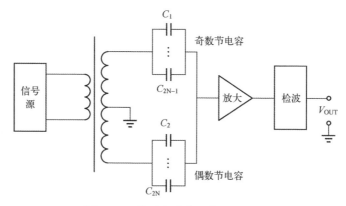

图 4-14 典型连续液位变换器原理

变换器输出电压与传感器奇、偶电容差值的变换关系为

$$U = K \cdot 2\pi \cdot f \cdot V \cdot R \cdot \Delta C$$

式中:U 为变换器输出电压;K 为变换器放大倍数;f 为变换器变压器电桥交流信号频率;V 为变换器变压器电桥交流信号幅值;R 为变换器取样电阻;ΔC 为传感器奇数组电容与偶数组电容差值。

变换器输出电压信号 U 与传感器奇数组电容与偶数组电容的差值成正比。奇数组、偶数组电容量交替变化,电路输出 U 交替改变,如图 4-15 所示。进液后,偶数组电容变大,奇数组变大时,差值变小。

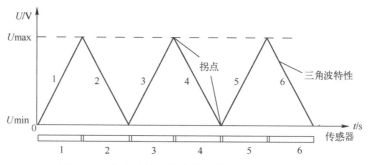

图 4-15 典型连续液位变换器输出三角波形示意

此次故障液氢液位三角波电压信号突然出现零电位电压值飘高,后续的波峰同样飘高,显示异常。射前时间紧迫,系统分析了导致该问题的三种可能性:

(1) 传感器接触不良；
(2) 液位传感器的电容损坏；
(3) 传感器的安装位置不当。

随后，系统采取了断地面电源，更换液氢连续液位变换器等措施，但故障并未排除。此时，低温推进剂已经加注，若错失当前窗口，任务推迟，推进剂泄回影响大。现场人员综合分析了液氢液位高度和体积的监视情况，发现相关射前参数并未受到影响。出具了明确后续工作的技术状态临时规范，按照新明确标准开展后续的液氢加注工作。

同时确认了飞行过程中液位传感器可能零位偏移造成的影响，经核实并反复计算各种飞行工况下的液氢液氧消耗量，在确认故障不会影响卫星入轨精度后予以放行。

➢ 实战原则：机理清晰、多方佐证

案例二

2000年某型火箭执行火箭加注，四氧化二氮加注到三液位后，地面加注系统突然停止加注，程序中止。

岗位人员查找原因时发现，箭上液位传感器误安装了另一型运载火箭的传感器，导致加注基准液位高度偏高（表征基准容积比理论的容积大），致使计算的补加量大（最终加注量大于理论加注量），触发加注溢出信号，加注系统受到加注溢出信号后，中止了加注程序。

由于现场无法更换传感器，指挥部决定泄回氧化剂，按照误装的传感器高度重新计算基准容积，并按照该基准容积进行补加量计算后，重新进行贮箱四氧化二氮的补加工作，保证了火箭在第一窗口内发射出去。

➢ 实战原则：常温推进剂加注以箭上某一液位为基准液位，地面加注系统流量计最后定量补加到要求值。

案例三

2020年某型火箭发射任务中，程序进行到射前液氧加注阶段。一级氧贮箱预冷后大流量加注，发现液氧贮箱连续液位传感器输出错误。

经快速分析，认为应该是液位计3节中第2节传感器极性出错。因为最低发射条件规定可以用点式液位加注，因此指挥部决定按发射预案继续加注至设计的基准液位（在最高的第3节）。继续加注至基准液位后，传感器第3节数据有输出，且与理论值一致。

阵地已经进入液氢加注前状态准备，由于液氢加注后可逆性变差，场区指挥部决定详细分析液位故障影响措施后再进入液氢加注。经过讨论分析认为：

（1）加注定量使用连续液位传感器的第3节，因此第2节出错不影响加注。同时，即使连续液位不可用，系统级预案中已明确，连续液位出错可以使用点式液位进行定量加注。

（2）经过对利用系统的分析，本次任务飞行过程中利用系统若不进行利用调节，火箭运载能力余量仍可完成任务，因此连续液位传感器可不必保。

（3）利用系统在飞行中出现问题，不会对其他系统产生影响。

基于以上考虑，决策继续加注发射程序，进入液氢加注阶段。最终，任务取得成功。

➢ 实战原则：有预案，按照预案执行；无预案，则加强基于知识的分析决策

此次决策的关键点在于：一方面根据系统级预案，在液氧贮箱连续液位传感器的3节中第2节连续液位传感器输出错误可以继续加注，采用点式液位进行定量判断，继续加注的过程为系统深入分析液位信号异常的影响争取了宝贵的时间；另一方面通过对加注和飞行的影响分析，明确对于特定的本次任务，利用系统出现问题无影响，在液氢加注前这个关键节点得出了不影响飞行的明确结论。

第3节 转电故障

1 转电的概念

从箭上电能供应的角度，电池为智能单机供电，智能单机分别输出控制指令和时序时串给伺服控制器和电阻盒。伺服控制器进一步将指令输出至伺服机构，伺服机构作动在发动机喷管上，从而控制发动机的矢量方向。电阻盒作为功率输出中间设备，输出功率控制火工品和电磁阀动作。

一般情况下，考虑到火工品和电磁阀动作时瞬时电流较大，可能有短时较大电压波动，因此通常设置双电池。飞行过程中，一个负责较为稳定地给智能单机供电，另一个负责输出大功率给火工品和电池阀。

所谓转电，是指箭上设备由地面供电转为箭上供电，如图4-16所示[6]。由于箭上电池的容量限制，在真转电之前，使用地面电源给箭上设备供电。事实上在火箭点火起飞前，箭上设备在大部分时间内，均由地面电源供电。而只在靠近点火的某一时刻，由地面供电转为箭上供电，称为"某某系统转电"。

射前电气系统转电时机的选择主要受两个条件限制：一是为使箭上电池余量充足，转箭上供电的时刻越靠近点火时间越好；二是受箭机控制软件开始运

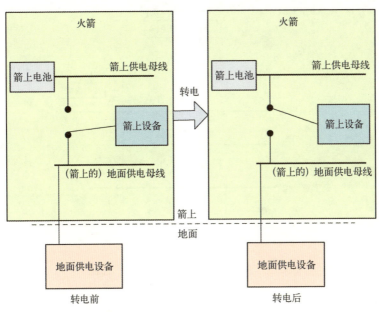

图 4-16 转电示意

行(开算)的限制,转电至点火之间的时间差应满足制导系统要求。运载火箭常以转电作为制导系统建立运载火箭发射惯性坐标系的时间基准。即在转电后,箭机飞行程序开始计算发射点坐标、发射惯性系参数等数值,因此必须给够一定的时间,确保箭机点火前已经完成这些计算。

转电控制的典型电路如图 4-17 所示。地面发转电指令,按下 K_1 转电开关,箭上转电继电器带电,闭合箭上转电开关,使得箭上供电输出转为箭上母线,同时返回"转电好"的信号。地面查询箭上转电完成后,断开地面供电母线的继电器,即断开地面给箭上供电的母线,至此转电完成。

2 转电故障的影响

由于转电动作临近点火时刻,是电气系统的关键动作。其故障模式主要分为以下三种:

(1)转电不成功。若未成功转为箭上供电,则箭上电气系统没有转入飞行状态,因此不能点火起飞。

(2)已转为箭上供电,但地面没有收到转电好的信号。此时对于箭上电气系统而言,已经转入飞行状态,地面未收到转电好的回采信号,则会影响地面控制计算机的程序进程。需通过其他条件进行辅助判断,如转电后箭上相关分支线路和设备的电压等,确认是否转电已完成。

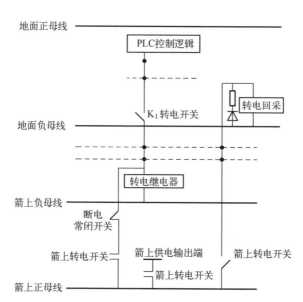

图 4-17　典型转电控制电路图

（3）转电成功，但转电时间距点火时间过短，不满足开算要求。特别需要注意，在某些情况下，转电成功后，需要进一步判断转电至点火的时间是否满足开算好的要求。若不满足，则火箭点火时箭上控制系统软件未初始化完毕，可能采用错误的惯性基准和运行诸元开始飞行，造成任务失败。

3　转电故障处置的一般原则和策略

转电动作发生在临近点火时刻，通常允许处置的时间较为有限，且各系统关键动作，如射前增压、连接器脱落、控制系统伺服机构启动等均已执行，因此处置必须迅速果断，发现情况立即上报，同时按照预案准确快速操作。

出现转电失败现象时，首先来自于地面的回采转电信号失败，此时应立即重试执行转电动作，若重试后转电成功，则程序继续。重试转电的同时，采用辅助参数判断箭上转电是否真实完成，若已真实完成，则可手动制造转电好条件，使之不影响点火指令发出。转电后必须确认箭上电气系统的程序初始化状态，在开算好的前提下执行点火操作。一般的处置策略流程如图 4-18 所示。

以上处置流程必须在较短时间内完成，处置至点火的总时间必须满足其他制约条件的要求，如低温运载火箭动力系统的发动机预冷温度、贮箱增压气枕压力、控制系统伺服机构启动后的连续工作温升等对时间的约束要求；同时在点火发射前，必须判断箭上软件初始化完成，电气系统各子系统的射前必保参数正常，才可放行点火。

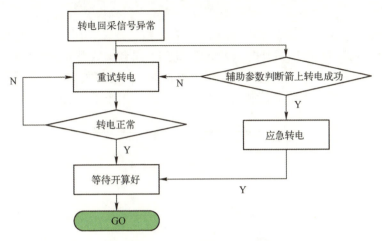

图 4-18 转电故障处置典型流程

4 实战案例

案例一

2017 年 10 月 12 日,俄罗斯使用"质子"号运载火箭发射国际空间站货运飞船。在电气系统执行运载火箭的点火程序时,由于电气接口分离失败,导致火箭的转电程序无法执行完成。

处置人员根据预案进行重试,仍无法完成转电。箭上未完成转电,未转入箭上电池供电,发射程序被迫推迟。

原计划准时发射,从而实现 3.5h 快速与空间站对接,由于此次推迟,任务改为 2 天对接模式。

第 4 节 紧 急 关 机

1 紧急关机的概念

紧急关机是指地面发出点火指令,而火箭未成功起飞离开发射台的情况下,则由控制系统自动定时延时发出的紧急关机指令,或由岗位人员手动发出紧急关机指令,由于火箭未离开发射台,箭地电缆连接未断开,火箭箭上可以收到紧急关机信号,并执行紧急关机时序指令,使发动机关机。若火箭正常起飞,箭地电缆断开,发出的紧急关机指令到不了箭上。

目前,大部分火箭采用定时紧急关机的方案,其优点是方式简单,自身可靠性高,在很大程度上可以保证发射的安全。紧急关机电路与点火电路同等重要,因此系统多采用三冗余、并联等冗余设置,以确保其可靠发出。

典型紧急关机电路如图 4-19 所示,在发射状态 K_0 闭合,点火信号发出后 K_1 闭合,此时 K_3 继电器延时 10s 使能,使 K_3 闭合,从而 K_4 继电器带电,K_4 继电器带电后 K_4 开关闭合,将 K_4 继电器自保,同时将关机指令信号回采,并发给箭上控制器,由箭上控制器发出关机时序,控制发动机关机。

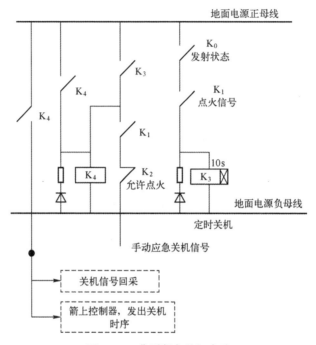

图 4-19 典型紧急关机电路

2 紧急关机的影响

1) 火箭倾倒风险

对于定时紧急关机方案,其缺点是放弃了对点火至定时关机这段时间的主动干预。在特定条件下,如果发生非对称点火故障,可能存在火箭失稳倾倒的风险[8]。为避免此风险,有的火箭采用"系留"发射方案,即运用故障诊断和牵制释放技术,火箭点火后判断没有故障,再断开牵制机构释放火箭,从而确保火箭飞行正常。

2) 箭上飞行程序继续执行的风险

按照正常程序,火箭点火后,按时序控制在飞行中进行各级关机和分离动作。紧急关机后,若箭上断电不及时,箭上计算机仍执行飞行程序,则可能在地面执行相关操作,造成严重后果。因此,在设计紧急关机抢险程序时,要求在时间经历过火箭一个飞行周期后再进行。

3）箭上动力贮箱压力控制的相关风险

火箭紧急关机后,需及时确认箭上箱压等状态,在条件具备时尽快连接相关箭地连接器,以快速控制箭上箱压,并根据需要执行推进剂泄回等操作。

3 紧急关机处置的一般原则和策略

运载火箭紧急关机是点火发射过程中的突发紧急情况,应急处置的主要原则是安全和有序。

安全控制原则,即必须优先判断箭地各系统的安全性,在未明确安全状态的情况下,不贸然进行处置。各系统状态,包括电器系统箭上电池状态、火工品电磁阀状态、发动机状态等关键状态,必须明确,否则不处置,以免造成次生灾害,二次造成安全问题,确保人员和产品的安全。

有序处置原则,即按照预案程序,系统之间处置的相关逻辑关系,严格按顺序处置:一是秉承安全控制原则,必须先判断系统安全状态,全面搜集符合后,再开展人员抢险操作;二是电气系统,通常先安全断电,恢复各类安全保护插头,再进行其他处置操作;三是动力系统,优先处置推进剂、箱压等控制,状态安全后,再进行其他进舱操作。需要注意的是,推进剂和箱压等控制,往往需要恢复箭地连接器的连接,因此尽量使用可远控的连接器或零秒连接器。

以某型火箭紧急关机应急处置方案为例,紧急关机后的应急处置主要分为以下阶段:

(1) 自动发出紧急关机信号,确认紧急关机信号已发出,可根据情况手动补发紧急关机信号。

(2) 迅速判断箭上各系统状态,特别是发动机状态,是否已执行紧急关机动作。同时发射场并行开展工作平台合拢等工作,若已部分点火,有火焰,则对产品和发射台进行消防,为后续应急抢险工作创造条件。

(3) 地面远程对运载火箭和航天器系统执行断电操作。

(4) 具备条件后迅速开展箭地连接恢复工作,抢险人员准备好抢险工具和防护工具;连接防风拉杆;插上各系统火工品短路插头,取下引爆器和爆炸器,断开电池插头;连接防雷接地线、等电位线;监测贮箱推进剂压力和温度,连接各类连接器;以确保火箭状态安全可控,并根据情况组织开展推进剂泄回。一般的处置策略流程如图4-20所示。

4 实战案例

我国某型火箭任务中,指挥员下达火箭点火口令,发动机点火后关机,7s

航天任务准时发射实战

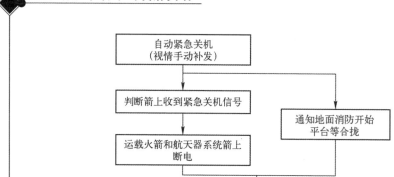

图 4-20　紧急关机处置典型流程

后火箭仍未正常起飞,数百吨箭体完全靠发射台 4 个支点支撑,发射台上弥漫着棕黄色的有毒气体,满载燃料的火箭随时都有倾倒和爆炸的危险。

火箭未起飞的情况下,现场人员从火箭上发动机的涡轮泵转速、推力室喷前压力等参数,迅速判断火箭是否已经紧急关机,并补发了"紧急关机"指令。确认紧急关机后,远程进行箭上电源切断操作。

在视频远程确认火箭状态基本安全后,先期派少量抢险人员去安装防倾倒螺栓,以防火箭倾倒;合拢回转操作平台,给后续抢险人员提供工作平台。

之后,派部分电测抢险人员上塔架,断开箭上电池插头、将火工品点火电路短路,防止箭上程序误启动、防止火工品误爆炸;对接气管连接器,将火箭贮箱压力泄压至安全压力值;此时火箭已处于相对安全状态,具备了推进剂泄出的条件。

安排系统人员连接推进剂泄回管路,并与库房相通,最后进行泄出推进剂工作,保证了卫星和火箭的安全。

> 实战原则:按照预案有序实施
> 实战原则:必须确保安全状态

第 5 节　电气系统箭上关键单机故障

1　电气系统箭上关键单机组成

电气系统箭上单机多样,实现以下两类主要功能:一是敏感飞行中火箭的各项控制参数,反馈并计算输出火箭实时控制信号,以精确控制火箭的飞行,即反馈控制功能;二是敏感测量飞行中火箭的各类数据,传回地面,积累飞行子样,以便火箭在后续任务中优化设计,即测量传输功能。

反馈控制,如图 4-21 所示。即在足够的控制频率下能够确保火箭飞行姿态稳定,制导满足精度,根据香农定理,采样频率至少比输入信号频率高一倍,才可以实现精确控制[9-10]。一般大型火箭系统的截止频率低,采样控制周期可以大一些,如取 20ms;战术导弹、机动弹头的截止频率高,需要采样控制周期小,减小控制延时,如控制周期取 5ms。当然,计算能力和传输速率足够,那么控制频率可以选择更高一些。

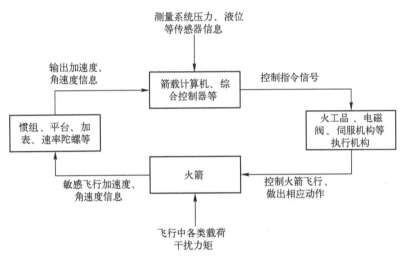

图 4-21 运载火箭反馈控制典型框图

测量传输,即在火箭飞行过程中实时测量各类信息参数,通过天线等收发设备,经天地链路传输至地面。

从系统组成上,电气系统包含箭载计算机、各类敏感测量单机仪器(加速度计、传感器等),作为功率输出或信号变换的中间装置,执行动作的作动装置,以及箭上供电电源和配套的电缆网、电阻盒等,如表 4-1 所列。箭上电气系统各类单机在不同运载火箭上名称略有不同,具体功能有的也有所融合,如箭机可以继承组合导航、敏感计算和数据综合等多项功能,中间装置可以集成箱压控制、液位控制等功能。

2 电气系统箭上关键单机故障处置策略

通常,箭上电气单机在发射场任务前期的测试过程中,具备较好的测试条件,性能指标的测试覆盖率高,在运载火箭加注发射关键时段,箭上单机出现故障的概率较低。若出现故障，具体分析以下因素：

表4-1　箭上电气系统关键单机举例

系统	单机	功能
控制	箭载计算机	控制系统的指令终端，控制核心，完成运载火箭飞行的程序控制和指令调度
	中间装置	用于对箭机指令的分发和具体执行
	惯性测量组合	敏感箭体运动速度、角速度及其变化，相关参数提供给箭载计算机，用于飞行控制
	伺服机构	用于控制发动机喷管运动，指令通常来自中间装置
	电池	箭上单机供电，或执行机构供电，如火工品和电磁阀
测量	数据综合器	测量数据综合处理单机
	安全指令接收机	用于接收地面至箭上的安全控制指令
	数据采编单元	用于对传感器数据进行初步处理
	……	

（1）对运载火箭点火和飞行的影响，即是否作为必保设备。

具体分析单机故障对运载火箭点火飞行的影响，即根据单机的功能，以及其系统冗余设置情况，分析单机故障是否对后续操作和火箭的飞行造成影响。

针对不同性质或目标的任务，单机的重要等级不同：如对运载型号首飞，或飞行子样积累初期，较为重视数据收集，因此敏感测量器件重要程度较高；对于成熟型号，积累飞行子样较多的型号，部分不参控的测量设备故障，则可能会被放行；对于任务载荷接近运载火箭能力上限的任务，推进剂混合比调节的利用系统，以及其他使得运载能力有所提升的算法系统单机等，均为必保设备，在执行某些运载能力富余较多的任务时，则可适当放宽对此类单机的要求。

实战案例

2018年2月11日，俄罗斯使用"质子"号火箭发射国际空间站"进步"MS-07货运飞船，第二次尝试3.5h快速对接方案。但射前点火程序中，箭载计算机始终回传上次任务的数据，导致倒计时程序无法继续，最终发射推迟至2月13日执行。

（2）若必保设备故障，则需明确是否可在窗口时间内完成处置。

必保单机的故障，即明确在某特定单机故障，功能无法实现，程序无法继续，功能性能指标下降至超出放行值范围。

通常处置的策略为系统不断重试，或通过备保冗余通路多次尝试相关测试操作。若成功,则说明相关故障很可能是由箭地通信等原因造成的,通过后续单机性能指标监视和其他配合单机佐证,可判断当前单机状态。考虑到窗口时间有限、通信等原因的偶发性,重试的次数有所限制,且需要系统上全面分析单机故障的模式,明确排除对后续工作的影响。

尝试重试等操作无法奏效时,确定为单机功能性能确实下降,无法满足点火发射和火箭飞行的要求,则需进一步考虑更换该单机的时间。运载火箭设计时,需考虑所有单机在射前条件下是否具备更换条件,即对单机更换的操作窗口等条件进行设计。同时,在型号首飞前,应在发射场完成单机更换的演练模拟,明确需配合的人员、物资保障和外系统条件等,在后续的实战任务中,这些都将成为应急处置预案的条件。根据当前射前程序进行的不同阶段,估算窗口内准时发射前提下,可用于单机更换的时间。若可更换,则更换后程序继续,否则只得退出当前程序,择机再次发射。

设备备份的一般策略:①现场具备开盖条件的设备,是按照模件级和元器件级进行备份的;②现场不具备开盖条件的设备,是按照整机级进行备份的;③部分主备冗余设备可无备份件。所有备件均具备及时更换的条件,可以消除射前地面设备故障带来的发射风险。

3 实战案例

案例一

2008年,我国某发射场执行发射任务,控制系统进行加注发射前的功能检查,在测试伺服机构的静态油面气压时,发现油面系数较低,数据超差。

伺服机构是一类液压系统,以高压油驱动伸缩杆运动。伺服机构本身一端连接在牢固的发动机机架上,一端连接在发动机喷管上,作动杆的伸缩就转化成了喷管的摆动运动,如图4-22所示。

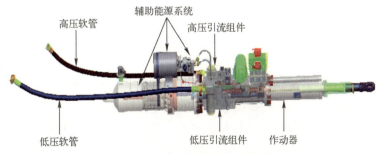

图4-22 典型伺服机构示意图

伺服机构包括能源部分和作动部分两个组成部分。能源部分即将高压油或气体转变成伺服机构工作所需的能源,通过引流和涡轮泵等组件实现。作动部分是伺服机构伸缩工作的部分，将功率有效输出，通过伺服阀和作动筒进行输出。工作时，液压泵将油箱中的低压油变为高压油输送，高压油输送至伺服阀和作动器做功，做功后变为低压油返回油箱。典型私服机构原理简图如图4-23所示。

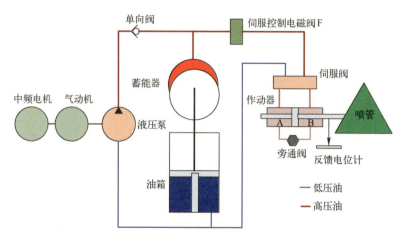

图4-23 典型伺服机构原理简图

油面系数用以表征伺服机构油箱的油量，数据偏低，说明伺服机构漏油，油量减少。

系统首先对伺服机构油箱进行补油，并增做油面测试，同时排查漏油部位，发现伺服机构蓄压器排气孔处有液压油漏出，补油后的油面气压测试表明，泄漏油液较多，速率超过允许值范围。

考虑到伺服机构是必保设备，也是火箭飞行过程的关键设备。漏油过多可能影响运载火箭飞行中伺服机构的功能，会直接导致飞行失利。为不带隐患上天，系统决策更换伺服机构。

更换备份伺服机构后，继续开展油面测试，以及伺服机构控制回路测试、导航指令极性测试等，充分验证备份伺服机构的性能指标，测试参数正常，伺服机构工作正常。

最终，任务发射成功。此次故障的后续排查中发现，伺服机构漏油的原因定位于密封圈问题。系统根据伺服机构油面变化的规律和工程执行经验，在后续任务中，制定了针对性测试和补加方案，并更换新型密封材料部件，确保伺服油面始终满足任务要求。

➢ 实战原则：低温加注前不能损失冗余备保手段

案例二

2019年3月25日，美国使用"电子"号火箭发射国防高级研究计划局

（DARPA）的一颗150kg重的卫星。发射日程序进行至-7min36s时，操作人员发现箭上视频发射器信号强度降低了13dB，虽然数值上仍在飞行要求值范围内，但由于原因不明，产生的次生危害难以估计，因此决定推迟发射。火箭最终更换了故障视频发射器，并再次组织发射。

案例三

2011年某型火箭发射任务中，程序进行至射前-12h准备，测量系统在安装火箭的爆炸器螺栓时，3个螺栓中的一个在安装过程中断裂。

现场排查分析发现该螺栓本身存在一定的质量问题，螺栓断面颜色不一致，外圈与内部材料似不完全为45#钢，螺距、直径似不均匀。

问题原因找到了，但当务之急是找到备件进行再次安装，而此螺栓并未识别为需要备份的部件，又是特种部件，现场一时找不到合适的代替。恰好另一枚火箭正在发射场测试，岗位人员从那枚火箭同样位置的爆炸器上拿到了同样型号的螺栓完成安装，最终任务发射成功。

这件事的启示是备件准备分析要充分，确保覆盖性。爆炸器是箭上安全控制的关键单机，其射前安装工作过程中需要用到的部件，是应该充足备份的。因此，在场备品备件的充足性检查分析是一项例行工作，是确保准时发射的重要举措。

> 实战原则：备件充足，是预案有效执行的重要条件

案例四

2017年某型火箭发射任务中，射前程序进行至射前功能检查，控制系统进行收星检查时，无法正常接收卫星的导航信号。

初步分析原因为当天发射场区云层较厚，卫星信号较弱，无法正常收到卫星信号。

一般地，卫星的导航信号只是作为箭上惯性器件导航计算的一种补充或适当的校正，如图4-24所示。箭上的惯组根据箭地的加速度及速度量计算出火箭在坐标系的位置，即惯性导航计算。而卫星导航计算同样得到箭体的位置信息，二者进行滤波计算，最终输出修正后的速度和位置信息，这被称为组合导航。

一般而言，箭上控制系统在飞行过程中主要仍以惯性测量数据计算导航为主，卫星的导航数据作为辅助参数，因此飞行过程中导航接收机工作异常并不影响控制系统的箭上控制导航功能。

控制系统按程序报阵地指挥员，并根据"最低发射条件"，明确卫星导航转发天线不是系统的必保设备。基于以上分析，最终决定流程继续。在这次任务火箭飞行过程中，导航接收机可以正常接收卫星信号，组合导航设备工作正常。

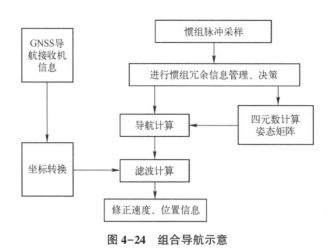

图 4-24 组合导航示意

第 6 节 电气系统地面关键单机故障

1 电气系统地面关键单机组成

电气系统地面关键单机的主要作用是测试与发射。测试，即在运载火箭的任务周期中，特别是射前，对箭上的设备开展测试，以确定箭上产品的功能性能是否满足系统工作要求；发射，即执行点火程序，完成运载火箭的发射。

测试功能，要求地面单机可以回采箭上设备的测试数据，判读并判断系统主要的功能参数情况。对于以地测为主的运载火箭地面测试系统，其测试设备具备对箭上供电、发送测试指令、驱动测试单元等功能；对于以箭测为主的运载火箭，其测试由箭上产品完成，地面设备则主要用于数据接收和处理判读。

发射功能，要求地面单机可以执行运载火箭点火程序，按照程序要求，完成箭上转电，箭上单机的初始状态设置（如箭上智能单机状态复位等），以及按程序打开箭上的关键阀门，脱落相关箭地连接器等。不同运载火箭的测试发射思路不同，地面单机完成发射功能也不尽相同。

有的火箭地面设备仅用于向箭上发送发射指令，同步时间信息，在固定的时间点发送箭体同步指令，而具体的指令动作，由箭上完成，如发动机的点火启动时序中电磁阀和一些作动器的动作等。而有的火箭，为了进一步节省箭上能源，指令的驱动也通过箭地电缆，由地面提供能源完成，如提供大电流以驱动火工品、电磁阀、点火器等。

箭地分工的不同，造成地面设备的规模不同。以箭上测试和箭上点火方式设计思路的电气系统地面设备相对较为简化，仅需要指令逻辑单机、数据接收处理单机和供电单元。以地面测试和地面点火设计思路为主的电气系统地面设备，还将包括指令执行单机，功率放大单机等，用于驱动箭上动作单元。

以典型的控制系统地面设备组成为例，如图 4-25 所示。左侧为箭上端，右侧依次为地面前端和地面后端。

前端，指靠近火箭的地面测发控设备，即由箭上连接至地面的测发控设备，就近连接箭地电缆。

后端，即指挥控制中心的控制系统后端设备。当前运载火箭均采用远距离测发模式，后端测控设备距离发射工位较远，一般有数公里距离，以保证安全。

前后端设备，通过光纤等网络传输线路连接，构成完整系统。测试和发射的指令信息，有岗位人员在后端发出，经由网络，传输到前端的设备上，前端设备转发至箭上。

图 4-25 中前端的箭地通信、火工品及电磁阀回路测试系统，均为接收箭上信息的系统单机，经过计算机终端光端机、PXI 测试计算机、PXI 数据采集系统等，将信息进行综合处理，回传给后端。

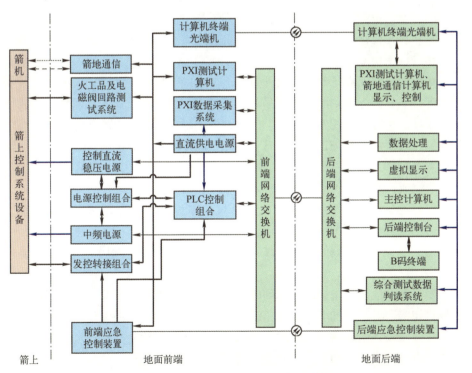

图 4-25　典型控制系统地面设备组成框图

前端的直流稳压电源、中频电源、电源控制组合等，负责箭上和地面系统设备的供电。为减少射前控制系统箭上电池的消耗，在测试发射程序的大部分时间，箭上供电由地面完成。前端发控转接组合、应急装置、PLC控制组合等，则主要用于向箭上发出点火程序的控制指令。

后端设备中，主控计算机用于发射程序、指令和流程的控制，数据处理、虚拟显示、计算机终端光端机、PXI测试和显示计算机、综合测试数据判断系统等，均用以对箭上数据进行处理、显示和判读，以便岗位人员判断箭上的技术状态。后端控制台、B码终端，主要用于点火程序的逻辑执行和指令发出。应急装置与大部分单机使用不同的前后端信息通路，用以在紧急状态下，前后端信息传输异常时，通过备份通路发出关键指令。

随着技术的进步，箭上电源容量进一步提升。无线测试、无线供电等技术，将进一步大幅简化地面系统。在较为简化的运载火箭系统中，如固体火箭射前测试相比液体火箭测试项目大幅减少，测试发射要求大幅降低，甚至可以实现使用单台设备，采用自动程序完成运载火箭的测试发射。

2　电气系统地面关键单机故障处置策略

由于电气系统的地面关键单机主要用于执行火箭的测试发射，而不像箭上产品要参与飞行过程，因此在射前应急处置策略上，具有更高的灵活性，其主要关注点在于功能和安全。

功能上，地面设备确保在故障条件下，或应急情况下能够完成测试发射功能即可。一方面能够判断箭上产品的技术状态，通过测试和信息回采，判断箭上产品具备执行飞行任务的能力。因此，若关键信息回采出现问题，无法综合各类信息判断箭上关键设备的状态，则无法决策执行点火发射；另一方面能够完成点火程序，即可以箭地配合完成点火程序中的关键动力，若相应的关键动力无法完成，则火箭无法点火发射。

地面设备不像箭上设备，无论在重量和体积上，都受运载火箭整体设计和能力的限制，因此地面设备为确保发射可靠性，通常采用多种备份，如主从备份（包括热备份和冷备份方式），甚至采用更高级别的，如三冗余备份等。

安全上，地面设备的故障和问题的处置，必须确保不对箭上产品造成不良影响，如错误对箭上加电，或者错误操作导致箭上单机产品动作等。

在地面设备出现问题故障时，系统的主要预案目标是如何通过重试和尽快切换备份，完成测试和发射的功能，而不是具体地排查相关故障。故障排查可以在火箭发射后深入开展，不影响任务飞行。事实上，在临近射前的关键时段，由于故障处置的时间短，部分系统级预案中，甚至可以考虑出现问题就切换，或者在系统设计上，实现出现异常就自动切换到备份的设备或线路上，只要能够顺利执行测试和点火操作即可。

具体处置策略上，根据射前程序可逆性和允许处置时间，大致分为两个阶段：

（1）在低温推进剂进箭前，射前程序具有较高的可逆性，且程序中故障允许处置时间较长，利于系统的故障排查，甚至更换备份单机。地面的操作可达性优于箭上设备，若系统具有备份单机设备，有进行更换操作的时间窗口，且影响范围较小，补充测试易于开展，通常将决策对故障开展详细排查，更换备件，确保系统在进入下阶段前状态良好。

（2）在低温推进剂加注开始后，射前程序的可逆性大幅降低，射前应急处置的限制因素增多，故障处置时间缩短，此时对于地面关键单机而言，若出现故障，则优先切换备份，继续执行任务，排查工作可视情并行开展，或待火箭发射后再开展排查。

3 实战案例

案例一

2021年某型火箭发射任务的射前程序中，测量系统开展引爆线路检查时，地面设备加电后发现，综合测控台没有收到测试数据。

引爆线路检查为射前测量系统的重要功能测试，用以测试火箭飞行过程中的安全控制、自毁系统线路参数指标。由于相关单机的重要性，在临近发射前时段才安装至箭上，开展测试。出现测试数据未接收到的情况，必须开展排查。

此时，距离发射点火尚有一段时间，系统人员通过状态确认，认为箭上产品不存在故障，地面系统切换了备份PXI测控组合设备，数据接收正常。为确保后续加注发射流程顺利开展，系统决策：

（1）按照备份PXI测控组合状态完成引爆线路检查测试工作；

（2）在引爆线路检查测试后，至液氧加注前的时间内，完成PXI主备更换工作，将原主份设备取下，并通过系统操作，将备份设备设置为主份设备。

全程处置时间用时约为40min，没有影响主线流程。更换了PXI设备后，以此状态完成后续的发射任务，系统工作正常。

➢ 实战原则：低温加注前不能损失冗余备保手段。在条件允许的情况下，一定要确保足够的冗余手段

案例二

2020年某型火箭发射任务中,在射前-3h时段,控制系统开展射前功能检查,期间地面人员发现,控制系统中频电源的显示屏无法开机。

控制系统中频电源用于地面为箭上的伺服机构供电,而伺服机构用于在飞行中控制发动机的喷管摆动,如图4-26所示。

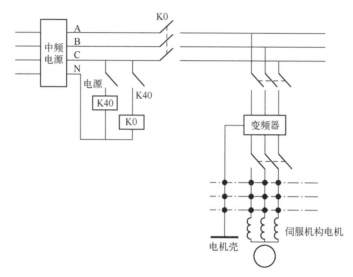

图4-26 中频电源箭上伺服机构供电框图

事实上,由于伺服机构运行能源功率需求较大,因此在飞行和地面测试过程中,使用不同的能源供应,飞行过程中使用动力系统发动机旁路引出的高压油或高压气体,作为动力能源。地面测试过程中,则采用地面中频电源。

此项故障是地面中频电源的显示问题,不影响供电功能,因此伺服机构启动正常。但显示屏问题导致中频相关参数无法判断,难以判断中频的状态。

考虑到此时液氢推进剂已经加注,临近射前,发射程序可逆性大幅降低,若排故时间较长或更换产品,则可能导致发射推迟。加注液氢后发射推迟,无论对箭上产品,还是发射场地面设备,都将造成较大影响,后续处置难度大。

通过复核伺服机构前续测试项目,以及本次测试过程中伺服机构箭上回采参数,系统判断伺服机构工作正常。最终决策在中频电源显示故障的情况下采用"盲启"完成伺服机构的启动。

以此状态执行后续工作,系统工作正常。

➢ 实战原则:低温加注后可逆性大幅降低,故障处置策略需更为慎重

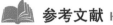

参考文献

[1] 毛万标. 运载火箭漏电故障诊断系统 [R]. 西昌卫星发射中心,2003.

[2] 樊友平,陈允平,等. 运载火箭控制系统漏电故障诊断研究 [J]. 宇航学报,2004,25(4):507-513.

[3] 曾雪红,樊友平,等. 运载火箭控制系统漏电故障诊断问题求解 [J]. 重庆大学学报,2002,25(12):49-54.

[4] 冉中涛,胡仕伦. 瞬时流量对推进剂加注精度的影响研究 [J]. 载人航天,2002,2:41-43.

[5] 杨必武,郭校松. 推进剂液位检测技术研究及仪器设计 [J]. 宇航计测技术,2002,22(4):44-48.

[6] 钟文安,张俊新. 航天测试发射原理 [M]. 北京:国防工业出版社,2020.

[7] 杨双进,刘志庆. 运载火箭控制系统点火时序电路及紧急关机电路 [J]. 航天控制,1998.2:46-53.

[8] 万文明,张煦. 火箭发射中的紧急关机研究 [J]. 宇航学报,2002,23(4):53-56.

[9] 徐延万. 液体弹道导弹与运载火箭系列:控制系统 [M]. 北京:中国宇航出版社,2009.

[10] 李学锋,王青,等. 运载火箭飞行控制系统设计与验证 [M]. 北京:国防工业出版社,2014.

第 5 章

运载火箭动力系统典型故障处置策略

运载火箭的飞行动力来自动力系统。动力系统由发动机系统、增压输送系统以及相应的测试设备组成。

运载火箭动力系统射前的工作都是围绕使发动机具备点火条件,并在飞行过程中能够正常开展工作,主要包括:

(1) 发动机预冷和增压。为使发动机启动和飞行过程中不发生气蚀,需要对发动机进行预冷,以降低发动机启动时推进剂温度,以及对贮箱增压,以提高发动机入口压力;

(2) 足量加注推进剂,以确保足够飞行过程使用;

(3) 发动机安全启动条件,如部分管路的填充、部分位置的吹除和隔离,以保证发动机的安全和稳定性;

(4) 控制气瓶充气,以满足飞行过程中发动机阀门正确动作的要求等。

第 1 节 发动机部件故障

1 液体火箭发动机一般系统组成

液体火箭发动机是一种利用冲量原理,自带推进剂,不依赖外界空气的喷气发动机。目前,大部分火箭发动机都是内燃机,由推力室、涡轮泵、燃气发生器(或预燃室)、火药启动器(或其他点火装置)和各种阀门、调节器、管路等组成。

对于液体动力系统,在工作中需要源源不断地供应推进剂,因此在选择完推进剂后,还需对其输送系统进行设计。推进剂输送系统的作用就是将贮箱里的推进剂有效稳定地输送到推力室,包括贮箱结构、增压部分、推进剂输送管路、承力部分等。

推进剂源源不断从贮箱进入火箭发动机燃烧室的过程称为循环。当前主流液体运载火箭发动机均为泵压式循环发动机,即采用涡轮泵(如图 5-1 所示)增大单位时间内进入燃烧室的推进剂量的循环方式[1]。

按照涡轮泵的能量来源不同,泵压循环又可分为燃气发生器循环、分级燃烧循环和膨胀循环等方式[2]。

燃气发生器循环是一种开式循环,是双组元液体推进剂火箭发动机动力循环的一种,如图 5-2 所示。一小部分推进剂在燃气发生器中燃烧,产生燃气推动发动机的涡轮泵。燃气循环的涡轮后废气直接排放,并不进入燃烧室,因此反压小,涡轮机的工作效率更高,提供给燃料的压力也更大。燃气循环的涡轮机寿命更长,更可靠,一些可重用运载器就使用这种动力循环方式。这种循环

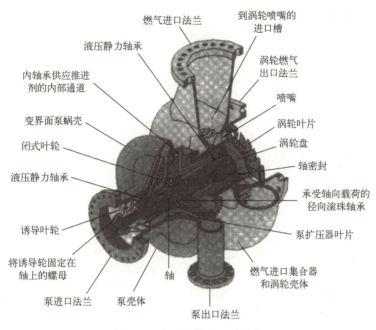

图 5-1 典型涡轮泵立体结构

的主要缺点是存在效率的损失，由于要用一部分燃料来驱动涡轮，废气直接排出，因此净效率低[3]。

分级燃烧循环是一部分燃料在预燃室燃烧产生高温燃气推动发动机的涡轮和泵，燃气对涡轮泵做功后和推进剂一起注入发动机燃烧室二次燃烧的循环方式，如图 5-3 所示。因为全部推进剂都参与推力的产生，所以分级燃烧循环的推进剂利用率更高。

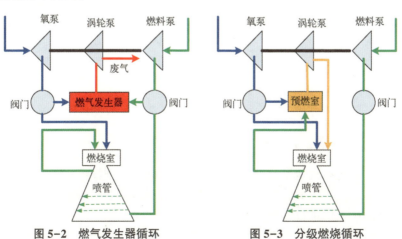

图 5-2　燃气发生器循环　　　　图 5-3　分级燃烧循环

分级燃烧含义较为广泛，包含全流量补燃循环、补燃循环和补氧循环等，其中补氧循环应用较少，因为富煤油燃气碳值较高，对推力室不利，所以常见的分级燃烧都是补燃循环。

分级燃烧循环的主要优点是所有燃气和热量都通过燃烧室排出，基本没有损失，因此这种循环也称为"闭式循环"。分级燃烧循环的另一个重要优点是能承受非常高的燃烧室压力，可以采用更大膨胀比的喷嘴，因此发动机性能更好。主要缺点就是涡轮机的工作环境苛刻，需要添加许多额外的导管来输送高温燃气，还必须设计复杂的反馈控制系统，设计难度大。

膨胀循环发动机，是指没有燃气发生器，无副系统，靠推进剂汽化膨胀做功推动涡轮转动的发动机。膨胀循环方式利用率高，是低温发动机的发展趋势之一。

膨胀循环中，发动机启动的初始能量，由推力室冷却夹套的初始焓值提供，当液态燃料通过在燃烧室壁里的冷却通道时，相变成气态；气态燃料产生的气压差推动涡轮泵转动，涡轮初步转动后，随着火箭的点火启动，推力室夹套的换热量大大增加，实现能量连续供应。闭式膨胀循环原理如图 5-4 所示。

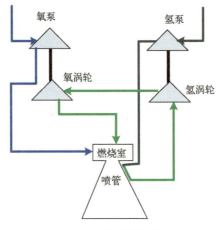

图 5-4　闭式膨胀循环

采用不同循环方式、不同推进剂的液体运载火箭发动机结构差异较大。

2　液体火箭发动机部件故障处置及实战案例

通常，若运载火箭发动机部件在射前出现问题，则较难开展处置，处置配合条件较多，处置时间较长，甚至可能导致执行运载火箭返回技术区的逆流程，将发动机返厂进行维修。

对于常规推进剂发动机，如我国以偏二甲肼和四氧化二氮为推进剂的发动机，技术状态由工厂确定，发射场不做更多测试，因此，射前也无更多关注参数；而对于低温推进剂发动机，有推进剂供应、起动点火、预冷泄出、吹除/隔离和控制等系统，这些系统包含大量的管路、阀门、减压器，射前需要动作，射前出现问题的概率较大，需要制定较为完整的预案。

案例一

2020年10月2日，美国采用"猎鹰"9号运载火箭发射GPS组网卫星，本次发射携带的是美国天军GPS-3系列导航卫星的第4颗卫星。火箭原定于美东时间21:43点火起飞，但发射程序执行至射前-2s时终止，"猎鹰"9号火箭使用的"梅林"发动机采用燃气循环技术，地面监测发现"内涡轮机械燃气发生器压力异常升高"，超出了参数上限值，最终决策终止发射。

事后分析发现，多余物堵塞了发动机燃气发生器的一个泄压阀，导致燃气发生器压力异常升高，多余物是发动机的某个部件进行阳极化时用来保护敏感部件表面的保护漆留下的，事后应该用清洗液去除掉，但并未清洗干净。

➤ 实战原则：高度重视多余物防控

航天史上，由多余物引起的故障、事故的案例比比皆是，直接导致发动机异常工作，造成灾难性后果，并且多余物影响不确定，对问题归零也带来极大困难。

案例二

2020年9月30日，美国采用"德尔它"4H火箭在卡纳维拉尔角空军基地发射NROL-44卫星，在前面多次发射中止后又开始进入加注发射阶段。9月30日的发射尝试在倒计时进行距起飞还差7s时再次被自动中止，此时推进剂已加注完毕，地面排氢燃烧已启动，有一些火焰。

经查，问题的原因是一台传感器报告RS-68A发动机（"德尔它"4H的主发动机）有阀门未处于飞行位置，而实际阀门状态正确，属于传感器误报。

本案例表明，火箭健康检测+牵制释放技术有其局限性，容易误判，导致窗口内准时发射的概率较低。我国基于专家知识的射前决策，更能确保火箭准时发射，这从中美航天发射历史数据可以得到证明。

➤ 实战原则：当测量设备参与控制时，可靠性应不低于被测对象

案例三

2021年某型火箭发射任务中，任务进行至射前-3h程序，氢泵前阀尚未打开，推进剂还未进入发动机内腔，动力系统发现发动机泵腔压力出现持续轻微上升的现象。

此时推进剂已大流量加注完毕。系统分析认为氢泵前阀存在轻微的内漏，专家评估认为这种程度的内漏，造成的压力值变化不会超过贮箱压力，发动

的结构不会有问题。

同时，考虑到泵腔内部是惰性气体，不会产生爆轰。且在后续工序中，还要进行氢泵腔吹除，吹除至氢燃烧池，整个线路安全能够得到保证；而且，射前-1h后泵前阀要打开，内漏的影响随着阀门的打开自然消失。因此，指挥部决策程序继续，发动机后续情况在预计状态内，任务最终发射取得了成功。

> 实战原则：预案的覆盖性至关重要

由于航天系统庞大，航天发射的故障无法穷举。我们要高度重视预案的制定，有预案的故障出现后按照预案执行；也要加强决策层的知识和能力的培训，当无预案的故障出现后，需关注基于知识的决策，确保准时发射。

第2节 发动机预冷异常

1 发动机预冷的概念

为抑制涡轮泵气蚀，应确保液体压力高于液体饱和蒸汽压。涡轮泵气蚀最易发生在进口叶轮叶片前缘后方，因为这里经过泵抽吸绝压最低。压力低于液体当前温度下饱和蒸汽压时，则发生气蚀。图5-5所示，推进剂不流动时，泵入口压力 H_r 等于贮箱绝压与液柱压力之和，因此泵启动时，除去液体摩擦压力损失量和不得低于液体饱和蒸汽压的限制，在不考虑液体过载的情况下，泵无气蚀可用抽吸压力 H_s 表示为

$$H_s = H_r - H_v - H_f$$

式中：H_f 为摩擦损失，由液体物理性质和管径等因素确定；H_v 为饱和蒸汽压；H_r 为启动时泵入口压力。

根据这个公式，为尽量提高可用抽吸压力 H_s，其中一个方法，就是降低液体推进剂的温度，从而降低饱和蒸汽压 H_v。因此发动机启动前要进行充分的预冷工作，使管路及涡轮泵温度下降。

预冷就是用低温推进剂流过发动机启动前的通路和阀门等部件，目的是防止低温推进剂流入发动机供应系统管路和腔道时受热汽化，造成推进剂汽液两相流入泵和推力室内，发生泵失速、推进剂流量和压力波动等不良后果。

2 发动机预冷种类

根据预冷的方法和原理，可以分为排放预冷、自然循环预冷、氦引射强迫预冷、循环泵强迫预冷等，表5-1为各国主流运载火箭发动机所采用的预冷方式。

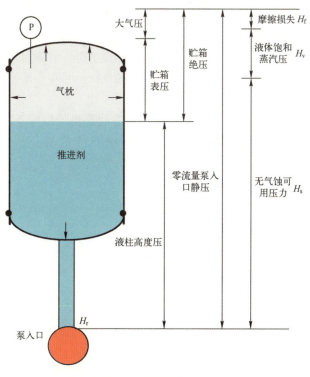

图 5-5　泵可用抽吸压力

表 5-1　各国主流运载火箭发动机预冷方式

国　　家	发动机	预冷方式
俄罗斯	RD-0120	自然循环+氦引射+循环泵
	RD-120	自然循环
	RD-170	
	NK-33	
	NK-43	
美国	RL-10	地面冷氦+高空排放
	J-2	自然循环+氦引射+循环泵
	SSME	强制循环（加压排放）
欧洲	HM-7	地面冷氦+高空排放
	HM-60	
	VINCI	排放
日本	LE-5	排放
	LE-7	

所谓排放预冷,就是将推进剂持续地向外排放,由此造成推进剂流动,从而达到降低温度目的的方法,如图5-6所示。这是一种主动排出推进剂的预冷方式,预冷效果较好,缺点是消耗了一定量的推进剂。排放可以在地面发射前进行排放,也可以在火箭飞行中进行排放。如长征三号甲火箭三级发动机就采用地面排放和高空排放相结合的预冷方式。

自然循环预冷,是利用推进剂出口和预冷回流口的温度不同,密度不同,由此推动液体流动,进行预冷的一种方式,如图5-7所示。

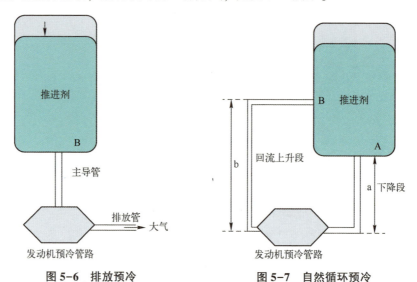

图5-6 排放预冷　　　　图5-7 自然循环预冷

推进剂在A点处温度低,密度大,向下流动,经过下降段对发动机的预冷管路进行预冷,过程中吸收热量而升温,温度变高,密度减小,因此回流管中液体密度小,向上流动至B。设置时,可以考虑回流上升段设计管路壁薄,从而增加换热率;并综合考虑预冷速率和B点回流推进剂(可能含气体)对贮箱内部的扰动。A点与B点的高度差可以通过温度与速率的综合考虑进行选择。

通过试验和计算,可以得到这样的结论,回流管出口B即使在贮箱液面以上,自然循环预冷都可以实现,但B点在液面以下更利于预冷。回流管不采取绝热措施,同时加强下降段保温,对循环预冷是有利的。

氦引射强迫循环预冷,是在推进剂预冷回路内引入高压氦气,通过氦气引流作用,带动推进剂流动,从而达到预冷效果的预冷方式,如图5-8所示。氦引射的基本过程可看成不同速度的两股平行射流相混合而引起的动量效应。

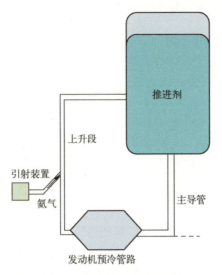

图 5-8 氦引射强迫循环预冷

液氧适合使用氦引射强迫循环预冷，而液氢不适合，因为液氢液体黏滞性小，氦引流对液氢的带动作用有限，因此引射预冷的效果也就不明显。

使用氦气是因为在液氧的温度下氦气仍是气体，且稳定，几乎不溶于液氧，且喷射速度快，引射效果好；缺点就是有相当一部分氦气进入贮箱，导致贮箱压力升高，虽然可与射前增压一并考虑，但之间的耦合太多反而射前程序设计变为更困难。

循环泵强迫预冷，就是使用泵压，强迫液体流动，达到加强预冷效果的目的，如图 5-9 所示。由于液氢黏滞度低，使用氦气引射的效果不佳，因此采用

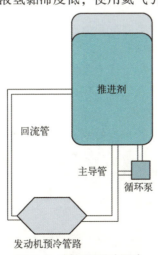

图 5-9 循环泵强迫预冷

循环泵方式较好。

循环泵可以采用电机驱动，或氢吹气动机驱动。循环泵预冷效果好，预冷时间短，但循环泵预冷过后会成为结构死重，增加结构重量，而且液氢的饱和蒸汽压力较低，容易气蚀，因此氢泵设计制造难度较大，工作可靠性相对较低。

发动机预冷异常，意味着发动机预冷温度达不到要求，无法下降。发动机的预冷温度是动力系统的最低发射条件。预冷温度达不到要求，则运载火箭不能点火起飞。

3 预冷异常处置的一般原则和策略

由于不同型号运载火箭各级发动机预冷方式不同，预冷工作在射前程序中所处的阶段也略有差异，因此对于动力系统发动机预冷异常的处置难以一概而论。

一般而言，动力系统射前流程设计中，会预留预冷时间余量。某些型号发动机在临近射前时段，为增强预冷效果，会采用强迫预冷方式，如氦气引射强迫预冷、循环泵强迫预冷等。

而在强迫预冷前，也会采用自然预冷或浸泡预冷等方式，使发动机关键部位温度先行降低。预冷最终结果的判断，往往在射前程序−30min 以内，甚至更加靠近点火时刻。由于在程序设置中，发动机预冷程序相对对立，只影响加注系统；因此，在预冷异常时，通常动力系统相关技术人员采取应急措施，以期达到预冷效果，而其他系统（除加注系统外）通常可继续开展射前流程的后续工作。

预冷异常处置主要受以下因素制约：

1）射前故障允许处置时间

由任务窗口和各系统的特定技术条件所决定的射前故障处置时间，是各类射前处置的约束条件。预冷处置必须在允许处置时间内完成。

2）动力系统的其他限制因素

由于运载火箭动力系统的自身特点，预冷操作可能受到特定因素的制约，如连接器的脱落等。预冷的控制以及气液路均通过连接器连至箭上，若动力系统的相应连接器断开，则无法继续预冷。

预冷异常处置应根据预冷系统组成的不同，快速定位并采取针对性措施。

3）推进剂量的限制

发动机是靠消耗一部分推进剂来对管路、泵进行预冷，如果程序设置不正确，或者射前预冷效果不佳，有可能使得推进剂消耗量过大，影响飞行。

4 实战案例

案例一

我国某火箭任务,程序进行到一级氢循环泵调试项目。循环泵启动后一段时间,一级发动机 2 台分机中,有一台预冷温度未达到预冷要求。

依据任务发射预案,该阶段发生问题处置时间限制因素为窗口,最大允许推迟时间约为 3h。但由于前续程序中已经由于其他问题处置消耗了 1h。因此场区指挥部专题会进行讨论,明确了以下举措:

(1)卫星复核有效载荷要求,进一步放宽窗口要求,将最大允许处置时间增加;

(2)动力系统根据一级泵循环强迫预冷的原理和系统预案开展应急处置,力争在最大允许处置时间内把温度降下来;

(3)其余各系统保持随时可以进入-1h 程序的射前状态待命。

动力系统首先采取了调整循环泵工况的措施,该措施被认为作用较为直观,系统人员将循环泵的工作频率和转速分别提高,以期提高预冷流量,但即使循环泵转速提高到设计理论值的最高值,预冷效果依然未达到要求。

之后系统又尝试了在加压状态下排放预冷,调整氢箱压力,以提高排放量,但即使是增压状态,排放预冷的效果仍未达到要求。

两次尝试消耗了 1 个多小时的时间,但预冷温度依然"坚挺",点火时间临近,可用于应急处置的时间不多了。虽然两次尝试失败,但通过这两次尝试,系统初步确认了发动机、增压输送系统各阀门动作正常,经过细致的再次排查,系统人员将原因逐步定位到氢系统的隔离常温氦气吹除路吹入氦气压力过大,导致液氢无法进入氢轴承,致使氢泵腔温度过高,达不到预期的预冷效果。因此,系统尝试降低该路的吹除压力(Ped7)。吹除压力调整后发动机预冷温度迅速下降并满足要求。问题处置总耗时约 100min。

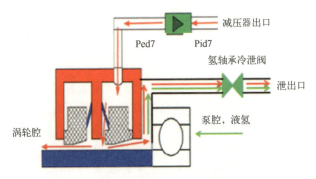

图 5-10 氢涡轮泵动密封及轴承冷却流路示意图

最终，任务取得成功。

> 实战原则：重点关注前序测试无法覆盖的项目和状态

案例二　2018年，美国，"德尔它"4重型发射Parker太阳探测器

2018年8月11日，美国采用"德尔它"4重型运载火箭发射Parker太阳探测器，该任务前期已在卡角SLC-37B发射工位多次推迟，包括射前在整流罩内发现小坏泡沫等多种原因。11日当天的发射尝试，在射前-7min暂停，原因是RS-68发动机预冷效果无法满足指标要求，推进剂温度始终难以下降。

"德尔它"4火箭采用由航天飞机SSME发动机基础上改进而来的RS-68氢氧发动机，采用加压排放式预冷的方式，如图5-11所示。

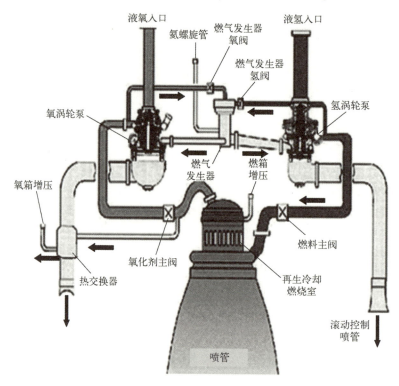

图5-11　"德尔它"4重型火箭RS-68发动机原理示意

现场采取了多种措施，并持续等待，因此将发射窗口推迟了35min。

预冷条件最终在窗口时间内满足发动机要求，然而在推迟窗口时间前沿的-1min55s，箭上氦气瓶压力报警，最终火箭推迟至8月12日发射[4]。

> 实战原则：加强预案的演练，确保预案的有效性。本案例中，由于处置发动机预冷故障时，要使用箭上氦气瓶氦气控制阀门开闭，前期预案未考虑氦气用量，导致多用了气瓶气，氦气量不满足最低发射条件。

案例三　2022 年，美国，SLS 火箭首次尝试加注发射

美国 SLS 火箭于北京时间 2022 年 8 月 29 日首次尝试加注发射，在射前程序中，SLS 芯级 3# RS-25 发动机预冷温度一直达不到最低发射条件要求。理想情况下，要求 4 台发动机均降到 -251℃，最低发射条件不能高于 -245.5℃，但 3# 机始终比其他发动机高 22℃ 左右，约为 -229℃，无法进一步降低。

为避免汽蚀，RS-25 发动机启动前采用增压排放预冷方式对发动机氢系统进行预冷，即通过发动机需预冷的管路，将推进剂持续地向外排放，从而达到发动机预冷的目的。排放预冷会消耗一定的推进剂，因此需加以流量和时间控制。RS-25 发动机为了提高排放预冷的效果，采用对贮箱增压的方式，以增大排放流量，如图 5-12 所示。

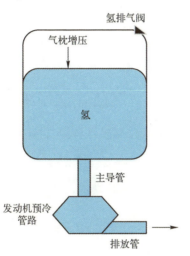

图 5-12　增压排放预冷示意图

29 日的发射程序中，发动机预冷不足，发射团队立即排查预冷排放的流量问题，怀疑是氢箱顶部排气阀出现故障泄漏。如果氢排气阀故障泄漏，则箱压增加不明显，预冷排放流量不足，则有可能导致预冷效果不明显。

但由于执行"清空场坪"理念，发射场坪上氢箱顶部不具备操作可达性，因此发射团队采用远控暂停其他 3 台发动机预冷的方式，以期望增加 3 号发动机的排放流量，但最终收效甚微，3 号发动机温度仍降不下来，发射程序在 -40min 暂停，并最终取消了当日的发射。

按照美国空军的气象预报，发射日当日窗口前沿（20:33）天气放行概率 90%，但窗口后沿（22:33）的天气放行概率只有 60%。事实上，在当日的加注发射过程中，随着故障排查处置工作的开展，时间的推迟，发射窗口的后续时段雷电条件已经不满足发射要求，因此即使当日故障在发射窗口时间内完成排查，当日的发射尝试也将由于天气无法放行而取消。

9月1日，经过分析发动机的其他关联数据，SLS火箭团队认为是预冷的传感器示数出错，发动机各主要部件，包括涡轮泵等5处参数均正常。但问题是该传感器拆除更换难度较大，因此发射团队准备在第二次尝试发射时采取以下补救措施：

（1）将RS-25预冷时间提前30~45min；

（2）考虑绕过最终倒计时程序中4台发动机的预冷温度限制，以预冷时间作为条件。

严格来说，这些措施是有问题的，提前预冷时间是出于增加预冷故障排查时间的考虑，但无法更换传感器而将温度条件改为时间条件显然并不严谨，是要在无法确知预冷温度的情况下进行发射。同时，如此重要的最低发射条件参数，仅设置一个传感器，该传感器故障就能导致火箭无法点火，系统设计的冗余度也让人怀疑。

第3节　增压输送系统故障

1　增压输送的概念

根据对动力系统预冷影响因素的分析，在不考虑液体过载的情况下，泵无气蚀可用抽吸压力H_s表示为

$$H_s = H_r - H_v - H_f$$

因此，提高可用抽吸压力H_s的另一个办法是，提高泵入口压力H_r。为提高泵入口压力，现役火箭普遍使用预压泵，或称增压泵，在推进剂进入涡轮泵前，先使用转速、功率较低的预压泵，为推进剂预压，以此提高泵入口压力。采用诱导轮，也是起到预压的作用，提高工作离心轮入口压力，从而抑制气蚀。从增压输送系统的角度，射前给贮箱增压，提高气枕压力，也是提高泵入口压力的必要手段。

同时，贮箱增压系统，提供推进剂贮箱正常工作的压力，一定的贮箱压力有利于推进剂输送，满足流量要求；也有利于维持箭体形态，即维持内压，起到一定的"内压平衡轴压"的作用。

液体运载火箭飞行过程中，推进剂迅速消耗，使得贮箱内推进剂压力迅速下降，可能影响推进剂的正常供应。因此，需要进行贮箱的压力控制，或称增压控制。

2 增压输送系统分类

按照增压气体的来源，贮箱增压方式可以分为气瓶式增压、燃气增压和自生增压等。表 5-2 为各国主流运载火箭各级采用的增压方式。

表 5-2 各国主流运载火箭增压方式

运载器	部段	发动机	国别	推进剂	氧化剂箱增压方式	燃料箱增压方式
长征三号甲	三级	YF-75	中国	氢氧	冷氦加温	自生增压
长征五号	一级	YF-77	中国	氢氧	自生增压	自生增压
	二级	YF-75D	中国	氢氧	冷氦增压	自生增压
H-2A	一级	LE-7A	日本	氢氧	自生增压	自生增压
	二级	LE-5B	日本	氢氧	冷氦加温	自生增压
"阿里安" 5	一级	Vulcain2	法国	氢氧	超临界氦加温	自生增压
	二级	HM-7B	法国	氢氧	冷氦增压	自生增压
"德尔它" 4	一级	RS-68	美国	氢氧	自生增压	自生增压
"宇宙神" 5	一级	RD-180	美国	液氧煤油	常温氦加温	冷氦增压
"天顶" 号	一级	RD-170	俄罗斯	液氧煤油	冷氦加温	冷氦增压
	二级	RD-120	俄罗斯	液氧煤油	冷氦加温	冷氦加温
"联盟" 2-1B	二级	RD-0124	俄罗斯	液氧煤油	冷氦加温	冷氦加温

按照控制方式，则可以分为开式增压和闭式增压两类。开式增压就是不采集贮箱的压力作为增压控制的基础信息，而根据理论设计持续对贮箱进行增压，如果超压，则可采取打开安全阀排气等手段保持压力平衡，如图 5-13 所示。

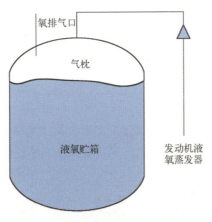

图 5-13 典型开式自生增压系统

闭式增压，就是采集贮箱压力作为负反馈控制的输入，将压力控制在一定的压力带内，压力小了就增，大了就关闭增压阀，停止增压。在闭式增压系统中，箱压采集的传感器属于火箭的测量系统敏感元件，采集到箱压数据后传递给控制系统的箱压控制设备，根据箱压控制规律进行计算，并输出指令，控制增压阀门的开闭，从而达到控制箱压的作用，而系统的贮箱、气瓶等设备则属于动力系统。因此增压控制的大循环反馈控制，是箭上多个系统互相配合完成的，如图5-14所示。

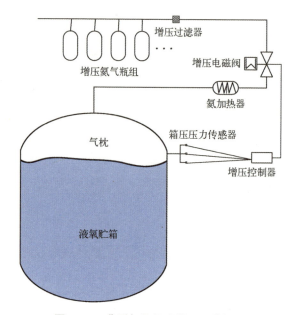

图5-14 典型气瓶闭式增压系统框图

3 增压输送系统异常的影响及处置

由于增压系统在飞行过程中的作用至关重要，直接影响发动机的正常工作以及箭体结构。因此增压输送系统异常若影响增压功能的完成，则必须进行处理。

增压输送系统出现异常，通常仅对本系统功能实现有所影响，气体泄漏基本对外系统影响较少，若发生堵塞，则需要判断是否会对管路、阀门或者箱体等造成憋压等影响，过高的憋压或反压，可能进一步造成阀门等部件的损坏，因此需根据系统设计及时泄压。

增压输送系统异常情况较多，包括气瓶问题、管路问题、阀门以及压力传感器问题；可能为局部漏气，也可能是堵塞等，造成无法增压等故障。

出现问题首先应根据其他手段佐证，判断系统是否正常工作，或者只是传感器测量的故障。根据出现问题的部件和问题原因类型不同，采取不同的处置策略。通常，增压路会设置一定的冗余手段，包括备份管路和阀门。因此出现地面增压问题，在情况紧急时可考虑采用备份管路进行地面增压尝试，可以迅速规避问题。如果出现轻微泄露，可分析泄漏量带来的影响，在问题情况清楚、不影响增压输送系统正常工作的情况下，临射前可以让步放行。

4 实战案例

案例一

2020 年某型火箭发射任务中，工作执行至射前氢箱的氢气置换准备阶段，岗位人员发现氢箱地面增压管路的单向阀反向漏气率略大于标准值，即单向阀漏气了。

理论上，单向阀反向漏气最终可能影响飞行过程中氢箱的气枕压力，从而影响系统氢泵的入口压力。如果气枕压力过低，则可能导致氢泵气蚀，氢泵工作异常，严重的话可能导致任务失败。而氢箱氢气置换是危险过程，一般希望不带问题进入本阶段。因此，需要尽快确认漏气对任务的影响，尽快决策是否继续进入程序还是退出更换单向阀。

经过动力系统的充分分析和数据核查，分析这种漏率趋势下对系统的功能的影响程度。最终，系统认为：

（1）在该漏率下，最终将不会影响飞行中火箭的增压过程；
（2）单向阀结构简单，应该是阀芯与阀座间有划伤，后续不会恶化；
（3）单向阀冗余是成熟产品，该路单向阀为冗余设置，另一个漏的可能性极低；
（4）经分析计算，即使 2 个单向阀都直通（全开），也能保证氢箱的气枕压力在工作范围内。

经过系统级技术层面的分析，漏率不足以影响火箭增压过程，且系统有冗余手段。而从计划的角度，火箭在发射区的状态更换单向阀操作难度大，风险高，需要的时间长，可能会错过窗口期。基于以上分析，现场指挥决策：

（1）在此漏率下开展工作，程序继续；
（2）加注发射过程中增加检查，看泄漏是否变严重再决定后续处置方案。

最终，在后续的加注发射过程中，单向阀漏率并未恶化，火箭准时发射，飞行过程中各项增压参数正常。

➢ **实战原则**：关键状态必须明确判据，特别是在故障状态下

> 实战原则：严密组织，有序决策，周密实施

案例二

2021年某型火箭发射任务中，进入射前-5h，系统人员发现火箭的一个助推器的煤油箱增压气瓶压力有持续下降的趋势，迅速开展了舱段检查，并没有发现漏点。进一步排查箭地管路的单向阀门，也没有发现内漏。

距离点火发射时间很近，系统开展了趋势分析，认为如果按照当前的漏率继续程序，则到射前箱压可能低于最低发射条件的要求值。场区指挥部认为，若触发最低发射条件，需退出加注发射程序。

此时，火箭液氢加注大流量工序已经完成，火箭加注发射的可逆性大幅降低，若因此退出加注发射程序，则可能需要泄回液氢液氧推进剂，影响较大。

系统进一步分析，判断增压电磁阀外密封泄漏问题的最大可能是，管螺纹在装配过程散差与阀门在试验过程的力矩松弛双重作用下，导致阀门接管处密封力不足，引起泄漏。不太可能是管路的结构破坏，因此飞行过程中不会出现继续恶化的情况，在这种漏率下能满足火箭增压要求。经过分析计算，对阀门进行更换或阀门密封的处理，难以短时间内实现，若采取适当的增压等处置措施，经过处置能发射的概率仍有95%。

据此，现场指挥决策程序继续执行，并落实以下措施：

（1）决定给气瓶充气至允许的最高压力，为后续压力下降留够足够的空间；

（2）监视压力下降值，系统持续判断压力下降趋势，时刻查看情况是否有恶化倾向；

（3）明确放行判据，即在射前特定时间节点判断压力，若此时判断有可能低于最低发射条件，则立即中止发射。

系统按照相关措施执行，最终火箭准时点火，飞行过程中该助推气瓶压力工作正常，任务取得成功。

> 实战原则：严守最低发射条件

最低发射条件各类参数，是经过细致的分析、仿真、试验获得的，必须严格遵守，不得逾越。

第4节　连接器故障

1　动力系统连接器的概念

运载火箭动力系统的连接器主要包括气路和液路连接器（有时也包括电

连接器），主要用于完成地面向箭上的气路和液路输送，在射前程序中，推进剂加注、气瓶充气等功能完成后，相应的连接器即可脱落。

推进剂的加泄连接器，即用于推进剂的加注和泄出功能的连接器。气管连接器为供气管路接口，排气连接器用于实现箱压控制。不同连接器功能不同，型号尺寸各异，如图5-15所示。射前程序中的操作或脱落时间也不同，因此围绕连接器的射前工作较多。

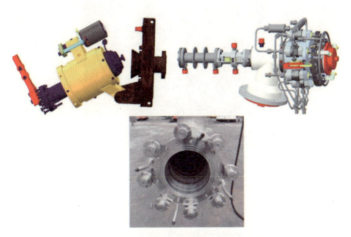

图 5-15　各种低温推进剂加泄连接器

以加泄连接器为例，加注之前连接器已与箭上连接，在加注推进剂完成后，即相应推进剂加注好后，连接器相应位置加注阀关闭，以满足贮箱射前增压的需求。此时，加泄连接器即可脱落。若在连接器脱落后，出现异常情况，推迟发射时间较长时（视具体情况判断），则可能需要重新对接连接器。

目前，箭地连接器优化是运载火箭测试发射技术发展的主要趋势之一。通过箭地的一体化设计，减少高空连接器的数量，并采用零秒脱落连接器技术，减少射前连接器的操作、动作次数，保持系统状态的一致性，对于提高发射的安全性和可靠性都有重要意义。各国新建火箭发射工位，均大力减少箭地连接，集成脐带塔功能，使得运载火箭测试发射过程中状态变化减少，连接可靠性大幅提升，射前操作简化，发射区占位时间缩短。

如图5-16所示，日本H-2A系列火箭[5]和欧空局"阿里安"5火箭等箭体连接器数量少，箭地连接简单，射前流程简化。

图 5-16　日本 H-2A 火箭箭地连接（双脐带塔设计）

2　连接器故障的影响与处置

射前程序中连接器的故障包括连接器泄漏、连接器脱落异常等。连接器泄漏属于推进剂泄漏，其处置方式与推进剂在其他关键管路、阀门部位泄漏大体相同，但考虑到动力系统连接器更加靠近箭体结构，泄漏危害更大，处置要求更高。

连接器脱落异常，未能及时脱落，则运载火箭不能准时点火发射。对于零秒脱落的连接器，可能直接导致安全性风险；对于射前脱落的连接器，则需尽快排除故障，以免影响火箭的准时发射。

通常，对于临近射前脱落的连接器，若脱落异常，排故操作时间有限，可选操作有限，则重复尝试脱落时最常用的操作；若有备份脱落手段，则使用备份脱落手段。

3　实战案例

案例一　视频与信号

2006 年某型火箭发射任务中，低温动力系统执行氢排脱落的操作后，控制台并没有收到返回的"脱落好"信号。

现场人员从视频监视器上观察到某连接器没有完全脱落好，但摆杆振动了一下，同时对接面有较大冷气流外泄，从而判断认为电气信号已正常到达连接器，脱落机构也已正常执行，没有完全脱落应该是受连接器处结冰的影响，确认各项参数正常后程序继续。

而后，在视频中观察到某连接器完全脱落好，但仍然没有磁电信号返回到氢加控台，最终现场决策火箭点火起飞，发射成功。氢排脱落的"脱落好"信号在火箭起飞30s后，才返回到控制台。

这就提出一个问题，是以信号为主还是以视频为主，作为系统工作可靠的准则。脱落信号本身确实存在因网络、线路等问题未能反馈的情况，而视频信号也可能"眼见非实"。或许设置冗余的状态确认手段，如多个机位的摄像图像，多链路的信号反馈等，在应对这类故障时，对决策的帮助更大。

> 实战原则：重要状态的确认方式方法要科学，手段要冗余

案例二

2021年某型火箭发射任务中，进入射前-3min关键时段，动力系统的连接器系统执行火箭某连接器的球锁解锁。该机构解锁后，火箭起飞时连接器将自动脱落，若没有解锁，则无法点火起飞。解锁命令发出后，系统收到了解锁2信号，未收到解锁1信号。岗位人员从视频观察，球锁1未动作。

此时距离点火已不足3min，时间十分紧迫，系统迅速按照预案执行应急处置：

（1）将异常立即上报指挥员，请求程序暂停；

（2）系统重新发出解锁命令，重试解锁，无效果。并判断解锁路的供气情况，对球锁路放气，并重新供气。再次尝试解锁，约10s，后端收到了解锁1信号，同时视频信号也佐证了连接器解锁正常。

系统迅速再次上报，连接器已解锁。

测发指挥员下达口令，程序继续，发射程序进入-2min程序。最终起飞时该连接器脱落正常，任务取得成功。

在这次射前紧急处置过程中，虽然时间紧迫，但分系统与测发指挥员职责明确，沟通及时，系统快速定位判断，上报测发指挥员，测发指挥员果断下达程序暂停口令，分系统则快速根据事先制定好的预案进行处置，处置好后上报，程序继续。故障处置只推迟36s进入-2min程序，处置十分迅速有效。

此次处置完全按照预案执行，预案充分，各个步骤都已文书化，并进行了多次演练。

> 实战原则：射前-10min预案需详尽覆盖各种情况，并开展实战演练

案例三

美国SLS火箭芯级在活动发射平台上表面的设置尾部服务舱（Tail Service Mastumbilicals，TSM），用于在发射前的推进剂操作处理。点火时会向后倾斜，确保安全可靠地断开与箭上的连接，如图5-17所示。2022年8月29日，SLS

火箭首次尝试加注发射过程中，液氢加注后，现场氢浓度传感器发现尾部服务舱液氢快速断开连接器液氢泄漏。

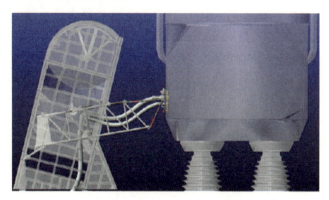

图 5-17　TSM 与快速断开装置

在 8 月 29 日出现泄漏后，发射团队复核了部件的特性，确认该系统在低温状态下会自行密封。于是采取调整液氢的流速，降低流速甚至短时间中断加注，让连接器管路有时间复温，复温大概 30min，然后再小流量加注，让管路逐步降温，触发自行密封，最终消除了泄漏。

但 8 月 29 日的发射最终由于 RS-25 发动机预冷故障取消后，39 号发射场的发射团队对该线路相关的一系列管路阀门进行了再次拧紧。

9 月 3 日再次尝试加注发射过程中，尾部服务舱液氢快速断开连接器再次泄漏，现场排查定位与 8 月 29 日泄漏位置不同。发射团队仍采用复温再小流量降温的方式处置，泄漏并未消失。发射团队转而采用氦气加压的方式迫使密封配件复位，从而控制连接器管路液氢泄漏，同时也确保安全，但泄漏仍然存在。

程序进行到-5h，按正常流程，此时液氢基本已经加注完成，但由于连接器泄漏，一直以小流量加注，此时真实加注量只有约 9%。发射团队再次尝试停止加注，让连接器管路复温 30min，然后小流量加注，处置无效，最终第二次尝试加注发射取消。

事后分析表明，虽然泄漏位置不同，但均为液氢的快速断开连接器泄漏，说明发射团队对该连接器的复位预冷自密封设计认识上可能存在一定问题。在第一次发射取消后，发射团队地面人员仅对管路进行了拧紧，拧紧后同样的系统再次加注时仍然泄漏，说明拧紧操作也是效果有限的。

第 5 节　蓄压器故障

1　蓄压器原理与作用

蓄压器是用来抑制 POGO 振动的装置，通过改变火箭结构系统纵向不稳定低频振动频率，避免其振动与推进系统振动频率耦合。

所谓"POGO"，是运载火箭飞行过程中箭体结构与推进系统动力学特性耦合而产生的纵向不稳定振动的现象，因其振动形态与玩具"Pogo Stick"相似而得名，如图 5-18 所示。POGO 振动产生的物理过程是输送管路内推进剂的压力波动引起发动机推力脉动，导致箭体结构振动，进而加剧管路内压力波动，形成正反馈回路引起结构振动放大[6]。

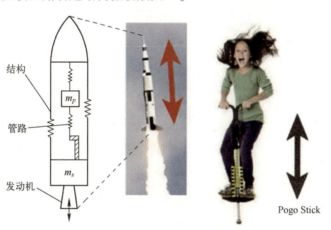

图 5-18　POGO 振动

POGO 振动严重时，有可能导致飞行试验的失败。若振动不很严重，虽对火箭结构不形成威胁，但对箭上仪器、设备以及航天员的生命安全都极为不利。人体对 15Hz 以下的振动比较敏感，在 4~8Hz 尤为突出，振幅 0.6g 时航天员有不舒适之感，振幅达到 2g 时航天员会休克。

实战案例

1968 年 4 月，美国"土星"5 火箭在发射升空过程中，由于出现了纵向耦合振动，导致结构失稳，火箭坠毁，"阿波罗"计划载人登月前的最后一次无人飞行试验以失败告终。

POGO 抑制的方案分为主动式抑制和被动式抑制两种。其中主动式抑制方案以POGO稳定模型为基础，采集管路脉动量参数，根据算法控制推进剂管路上的动作器，向管路注入或抽取一定量的推进剂。

航天飞机研制过程中曾考虑采用这种方式，但由于鲁棒性差，最终没用于飞行。现役国内外运载火箭主要采用被动式POGO抑制方案，即采用蓄压器。

当前国内火箭所使用的蓄压器均为金属膜盒贮气式。膜盒蓄压器抑制POGO的原理是缓冲液体的压力与压力脉动，做出形变反应，从而吸收减小压力脉动幅值，降低压力脉动的频率，如图5-19所示。

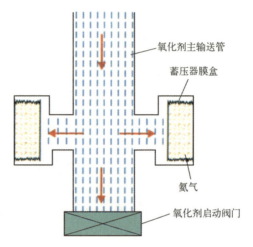

图5-19 定型膜盒蓄压器基本原理

膜盒的形状可以是圆盒，也可以是柱状、球形的，如美国"大力神"2采用竖管柱形蓄压器，而航天飞机选用被动式球形蓄压器，如图5-20所示。

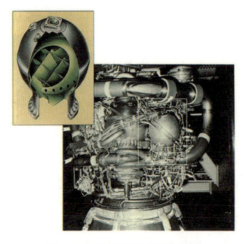

图5-20 航天飞机球形蓄压器

2 蓄压器故障的影响

蓄压器故障首先是蓄压器本身功能性的影响，即无法满足蓄压器抑制POGO的要求。故障模式与蓄压器的结构和工作原理相关，如对于膜盒式蓄压器，射前无法充气，或充气后压力下降过快，无法保压，都将直接影响蓄压器功能的实现。

蓄压器故障的间接影响，则可能对发动机、增压输送等系统造成其他不良影响。由于蓄压器是接入在增压输送系统内（推进剂输送管路上）的，因此蓄压器存在故障，则要区分是蓄压器本身故障、蓄压器供气路故障，或是蓄压器与推进剂管路输送侧故障。蓄压器壳体或膜盒出现故障，可能影响推进剂输送，甚至导致推进剂泄漏。

3 蓄压器故障处置的一般原则和策略

蓄压器射前的主要工作为充气，其充气工作分为两个阶段：

一是未加注推进剂，特别是低温推进剂未加注前充气，可称为"预充气"，即将蓄压器充气至一定值，以满足推进剂加注的基本要求（低温推进剂加注后蓄压器压力降低）；

二是推进剂加注后充气至额定压力，这时蓄压器已经工作在推进剂条件（低温条件）下，蓄压器预充气随温度降低而降低，需充气至飞行中需要的压力。

在蓄压器工作的不同阶段出现故障，均应及时定位故障位置，视故障情况开展应急处置。

4 实战案例

2021年某型火箭发射任务中，在射前-5h状态检查时发现，箭上蓄压器压力持续下降，速率大于指标要求值。系统迅速开展故障定位和问题分析。通过对管路的排查，初步定位在箭上发动机Ⅰ分机的蓄压器充气路出现故障，如图5-21所示。

由于蓄压器位置采用了发泡绝热包覆，因此检查区分发泡层以外管路及接头等部位和发泡层内部分开展。经过排查，发泡层以外部分管路和接头均无漏点，在发泡层周边采用氦质谱仪进行检测，也没有发现明显漏点。

按照射前程序，在-2h至-1h时段内，要按顺序打开工作平台，因此相关故障排查工作必须在此时间内完成，以免造成发射推迟。本次任务窗口时间短，仅为2min，应急处置要求高。

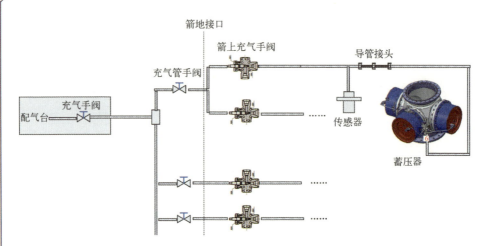

图 5-21 蓄压器故障示意

继续采用涂泡方式进行漏电排查，发现发泡层外表面局部涂泡会起泡，即存在漏气现象。打开发泡层后，对蓄压器侧的管路接头进行了拧紧。但拧紧后系统观察蓄压器压力仍无法保持，且当前处置工作耗时较长，判断无法在窗口时间内完成处置。系统逐级上报，现场发射指挥决策推迟发射。

此时，运载火箭煤油和液氧推进剂均已加注，运载火箭在液氧加注后可以推迟 24h 发射。因此，系统迅速转入推迟 24h 发射工作。由于 24h 后，煤油推进剂温度将持续升高，因此在推迟发射程序中，现场人员组织对煤油推进剂进行泄回，并在第二窗口射前程序中再次加注。而液氧推进剂则保持停放状态。

蓄压器故障的分析和排查工作持续开展，采取了局部拧紧等措施后，蓄压器压力仍持续下降，但下降趋势稳定，且处于放行指标范围。生产和研制单位经过综合分析判断，认为压力下降可能是综合因素导致，即为综合漏率偏高，因此可以继续加注发射程序。现场指挥决策认定符合程序继续的标准，但必须持续观察蓄压器压力的变化情况，并明确了下降速率的限值，一旦超过限值则必须暂停处置。

第二天再次进入射前程序，煤油重新加注，蓄压器压力下降稳定。但程序进行至 -3h 左右时，蓄压器漏率超过设定门限，且系统充放气测试表明，充放气速率过快。系统分析判断，在蓄压器侧管路经过 2 次射前程序，以及局部微漏的情况，可能已经出现局部冰堵。现场指挥决策，现象恶化，超过了明确的下降速率限制，第二次发射尝试失败。由于此时液氧已经在加注后经历了推迟 24h 发射，按照运载火箭设计要求，再次推迟则必须泄回液氧和煤油，择机再次发射。

随后，开展推进剂泄回，进入再次组织发射程序。动力系统将故障蓄压器拆下，对本体、管路和阀门进行了详细排查，发现蓄压器充气接头处密封不足，导致低温冷抽吸，造成冰堵。现场对蓄压器和相关管路进行了更换，并重新实施发泡绝热等措施。最终，火箭发射成功。

➢ 实战原则：低温火箭需高度重视冷吸结冰造成的影响

液氢、液氧火箭工作在极低温度下，对火箭仪器舱、舱段、箭壁形成局部低温环境，安装在这种环境的部件，其与大气相通的密闭空间很容易结冰影响功能，在设计上应予以防范。无法避免的地方，要采用舱段加温吹除保证部件处于冰点之上，或者用惰性气体将密闭空间和大气隔离开，防止水汽或其他杂质气体进入。

一般来说，空气、水汽等自然界大部分气体是液氢系统的杂质气体，需用氦气进行吹除和气封；而对于液氧系统，可以仅考虑水汽的污染，所以可用氮气作为吹除气封气。

第 6 节　煤油抽真空系统故障

1　煤油抽真空的概念

煤油抽真空是对部分液氧煤油发动机一定范围的燃料腔进行抽真空的过程，抽真空后还需要对抽空腔道进行充分的煤油填充，以提供发动机启动的条件。

在煤油加注阶段，煤油贮箱加注工作完成后，煤油填充至发动机煤油隔离阀前。因为煤油隔离阀的阻断作用，此时发动机燃料腔并没有煤油液体进入，充满气体处于大气压状态。发动机点火启动前，会打开煤油隔离阀，建立燃料输送通道，若此时放任发动机燃料腔气体不管，煤油无法充分填充发动机燃料腔道，且煤油中会混杂气泡，对发动机快速启动和启动过程中的稳定性带来不良影响。

煤油抽真空系统主要分为地面抽真空设备和发动机内腔两部分，通过活动发射平台上的插拔组合连接器连通，结构示意如图 5-22 所示。

典型液氧煤油发动机的煤油抽真空腔道如图 5-23 所示，为煤油隔离阀 A 处至煤油排放阀 B 处的腔道，即发动机内腔抽真空的范围是煤油隔离阀后，至燃料换向阀、点火导管下膜片、冷却带阀、伺服机构单向阀和燃料主阀之间的燃料腔道。

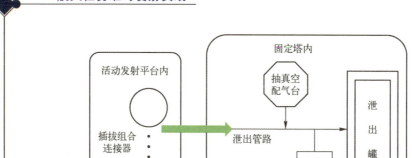

图 5-22　抽真空及煤油填充系统结构示意图

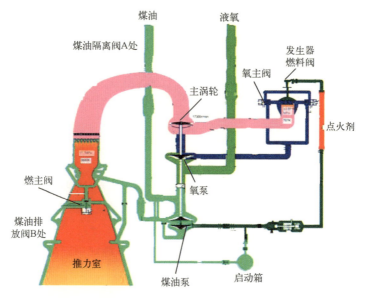

图 5-23　典型液氧煤油发动机的煤油抽真空腔道示意

煤油抽真空及填充过程主要为：煤油贮箱加注前，确认发动机煤油隔离阀为关闭状态，避免煤油进箭后直接进入发动机燃料腔，使得煤油填充不充分混杂气泡。之后开始煤油贮箱加注，煤油填充至发动机煤油隔离阀前。火箭起飞前的发动机起动准备过程中，先对煤油泄出罐、连接管路等地面设备抽真空，确保地面部分没有异常后，再打开煤油排放阀对发动机燃料腔进行抽真空。

真空度指标以地面抽真空管路测点的真空传感器数值为准，当真空度达到要求后，继续保持抽真空状态一定时间，同时满足抽真空要求的总时间，然后进行煤油填充。观察透明管中过流煤油无气泡后，维持抽真空过流一定时间再停止抽真空并关闭发动机抽真空接口。这个过程其实就是抽真空填充加注过程，只是在射前进行，时效性要求严。

2 煤油抽真空系统异常的影响

液氧煤油火箭发动机一般拥有预燃室，用于产生富氧（或富燃）燃气驱动涡轮。适合的液氧煤油混合比能够保证正常点火和燃烧稳定，以及燃气温度均匀性，且产生均匀的低温燃气。

煤油抽真空的效果较差时直接影响了发动机煤油充填程度，在启动过程中与进入预燃室的液氧没有达到有效的混合比且引入了气体杂质，对后续正常点火、燃烧稳定和温度的均匀性会产生不良影响。

且煤油中混有气泡会对涡轮泵产生气蚀，影响涡轮泵工作稳定性。故而煤油抽真空与发动机起动的可靠性、加速性及煤油供应系统工作的稳定性和可靠性有着较大的关系，所以该系统出现问题必须处理妥当。

煤油抽真空系统出现异常，通常为设备管路局部漏气和系统内煤油余液残存。管路漏气会导致系统真空度无法持续下降到指标或者停抽之后真空度回升。煤油余液残存会使得系统真空度下降缓慢或者无法达到指标要求。该系统出现异常一般影响发动机抽真空时间点和煤油隔离阀打开时机，因为发动机抽真空开始时间较为靠近点火且抽真空时间需要满足一定量，能否在故障处理完毕时有足够的发动机抽真空时间和煤油填充时间极为关键。

对于外系统一般没有制约因素，若加注发射流程中出现抽真空问题，在抽真空和煤油过流所需时间前能够完成故障处理，其他系统可以按需进入相应流程并在本系统完成后暂停等待，待抽真空填充完成后一并进入下一工序。

3 煤油抽真空异常处置的一般原则和策略

煤油抽真空系统异常处理一般表现在抽真空过程中系统真空度下降异常或者抽真空设备出现异常状态。当真空度出现异常情况时一般先比对前后端数值，从而排除测量故障。

若真空值无法下降到合格指标内，停止抽真空，观察真空度数值是否有大幅上升，可以考虑分段正负压气检，从而确定漏点，争取在窗口内完成故障的处置。

若无漏点但异常仍然存在，则可以考虑故障为地面管路煤油余液未清洗干净。

4 实战案例

案例一

2020年某型火箭发射任务中,进行转场后煤油抽真空测试,真空度能抽至要求的数值;但在隔离开地面和箭上后,箭上真空压力在缓慢上升,真空度保不住。

经过复查和分析,系统认为抽真空过程满足要求,而且发动机校准试车后只动过煤油隔离阀、箭地隔离阀和电液阀真空隔离器,且真空隔离器更换过,最有可能是真空隔离器出现问题。而发动机试车后不建议做更多测试,以保持状态,因此在试车后未对该设备进行测试,建议直接更换隔离器,如图5-24所示,再进行抽真空。

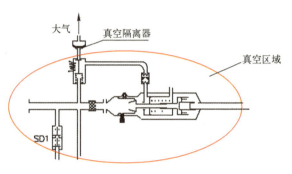

图5-24 真空隔离器示意图

考虑到无法增加检测以及问题最大可能是真空隔离器的问题,场区指挥部决策可以直接更换隔离器抽真空,再进行煤油抽真空测试;同时,因为问题还未彻底定位,要求发动机系统同步开展其他可能原因的影响分析。

当日晚上更换后增加抽真空测试,问题不再出现,证明指挥部认为真空隔离器出现问题是正确的,最终流程继续,发射任务取得成功。

> 实战原则:射前为确保战机,可用单机更换方法进行快速处置

航天测试发射中,如果发现问题,一般采用故障树的分析方法,用于故障的定位和机理分析,按照五条归零标准进行问题的处置。但在射前,故障定位比较明确时,可不进行机理分析,采用箭上单机更换的方法,快速处置故障,使之满足最低发射条件。

参考文献

[1] G.P.萨顿,等. 火箭发动机基础[M]. 北京:科学出版社,2003.
[2] 杨月诚. 火箭发动机理论基础[M]. 西安:西北工业大学出版社,2010.
[3] 钟文安,张俊新. 航天测试发射原理[M]. 北京:国防工业出版社,2020.
[4] 国外航天典型故障专题报告[R]. 北京:航天科技集团,2019.
[5] 鲁宇. 世界航天运载器大全[M]. 2版. 北京:中国宇航出版社,2007.
[6] 李福昌. 运载火箭工程[M]. 北京:中国宇航出版社,2002.

第 6 章

发射场系统典型故障处置策略

航天发射场执行运载火箭测试发射任务，其设备设施本身的可靠性至关重要。发射场系统设备设施，特别是发射区设备设施，具有时间利用率低的特点，即仅在运载火箭加注发射过程中才需要高负荷运行，而在大部分其他时间里，仅需开展维护和例行测试工作。因此，发射场系统设备可靠性可以分为固有可靠性和任务可靠性。所谓固有可靠性，即设备可靠性，是设备出厂交付使用时的可靠性；而任务可靠性，则特指设备在任务剖面内完成规定任务的能力[1]。

发射场系统射前保障任务工作的关键系统主要为推进剂加注系统和供气系统，以及其他勤务系统。发射场系统射前典型故障的处置，一方面要确保故障处置迅速，不影响火箭准时方式，另一方面更重要的是确保人员和火箭的安全。在发射场系统准时发射策略中，要始终坚持发射可靠性为飞行可靠性负责的原则，即可靠发射和安全飞行是一体的。

第1节　加注系统关键设备故障

1　加注系统组成及关键设备

根据运载火箭推进剂种类的不同，加注系统组成差异较大，火箭所使用的推进剂种类和数量，决定了加注系统建设的类型和规模。加注系统的加注方式，可按照加注时推进剂液体流动的动力源，分为挤压式加注和泵压式加注两种[2]。

挤压式加注，即用贮罐的增压压力保证推进剂加注流量的方式，如图6-1所示。目前，世界各航天大国，中、美、俄、法、日，低温推进剂液氢均采用固定罐汽化器自身增压挤压式加注。

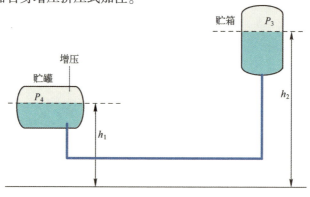

图 6-1　挤压式加注

液氢具有黏度小的特点，因此泵压式加注涡轮带动液氢的效应不明显，且涡轮前后液氢的温升较大；而液氢密度小，挤压式加注容易达到较高流量；同时，若采用泵压式加注，库区建设环节更多，固有可靠性有所降低。因此，通常液氢加注系统采用挤压式加注方式[3]。

泵压式加注，即使用加注泵来保证推进剂加注流量的加注方式，如图 6-2 所示。相比液氢，液氧的密度大，挤压加注需要的挤压压力和用气量都较大，因此大用量情况下，用泵压加注方式比较合算。美国"土星"5、日本 H-2 火箭、俄罗斯"能源"号运载火箭、"联盟"号运载火箭的液氧推进剂，均采用泵式加注。文昌发射场液氧加注系统同时具有挤压式加注和泵压式加注功能，且均满足运载火箭推进剂加注需求。

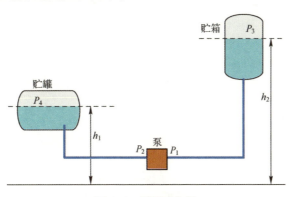

图 6-2　泵压式加注

采用泵式加注可以加大流量，缩短加注时间和火箭在发射阵地停留时间。

加注方式决定了加注系统的组成。加注系统通常由推进剂库区、加注管路分系统、气路分系统和测控分系统组成，推进剂从贮罐流出，经过出液阀、泵、流量变送器、库房出液阀、塔上加注阀和加注连接器，从箭的加注活门流入火箭贮箱。以液氢挤压加注为例，其加注设备包括运输槽车（贮存装置）、液氢增压器、回温器、加注管路、氢排管路、氢燃系统和供配气系统等。

加注系统的关键设备包括贮罐、阀门、流量计、泵、管道、热交换器、外置增压系统等。图 6-3 为日本 H-2 火箭液氢加注系统组成框图。加注系统关键设备的主要故障模式包括：

1）动力源故障

动力源故障主要是指推进剂液体流动的动力源缺失，包括加注泵故障和外置增压系统故障。加注泵故障主要针对的是泵压式加注系统，包括液氧、煤油、偏二甲肼、四氧化二氮加注系统均是泵压式加注系统。

外置增压系统故障主要针对液氧、液氢低温推进剂加注系统。系统动力源故障，将导致加注系统无法完成推进剂由低处（库区贮罐）向高处（火箭贮箱）传输。图 6-3 为日本 H-2 火箭液氢加注系统框图。

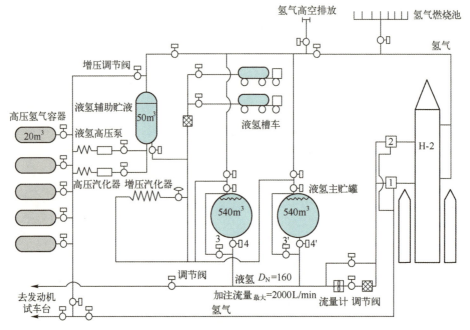

图 6-3　H-2 火箭液氢加注系统框图

2）阀门故障

阀门虽然是加注系统配套件，但对于加注系统的正常、安全可靠运行极为重要。加注系统中阀门包括截止阀、球阀、调节阀、安全阀等，按运行方式又可分为电动、气动、手动。其中低温截止阀、低温紧急切断阀、安全阀是低温系统中十分关键的阀门，这些阀门质量的好坏将直接关系到加注系统的正常和安全运行，不允许出现任何差错。

3）过滤器故障

过滤器是加注系统的重要组成部分，主要是滤除介质中的机械杂质颗粒，保证介质品质满足使用要求。评价低温过滤器性能好坏的重要指标之一就是过滤器压降，在低温加注系统中，过滤器的压降值被要求得非常低，以减少泵的扬程及保证加注系统的使用要求。在推进剂加注过程中，过滤器前后压降与滤芯的结构、滤网强度、介质流量等密切相关，通常不得超过规定值范围，如果过滤器出现堵塞使压降增加，将出现管路流量和压力异常，严重时导致过滤器破损，致使加注任务失败，影响火箭正常发射。

4）过冷器故障

液氧过冷器是液氧加注过程中为了满足火箭对液氧品质的特定要求而特别研制的，它是液氧加注系统中主要的设备之一。过冷器利用液氮（沸点77.3K）的汽化潜热吸收液氧的部分热量，使液氧过冷至79K左右。液氧过冷器主要由壳体（立式发泡绝热液氮贮罐）、管程板式换热器、管路与阀门、安全装置、测量仪表等组成。过冷器故障，将影响过冷液氧的温度，导致发射前液氧温度不达标。

目前用于火箭的低温推进剂主要有液氧和液氢，主要用于芯级和助推器。为了保证在火箭起飞后仍然能够向火箭发动机提供规定品质（温度）的推进剂，通常要求加注结束后贮箱中推进剂的温度不能超过某一规定值。因此，要求地面加注系统向火箭贮箱加注过冷的推进剂，以降低贮箱中推进剂的整体温度。

由于加到火箭贮箱中的推进剂要不断吸热汽化，为了补偿汽化损耗，点火发射前按照贮箱液位要求进行射前补加。在发射场低温推进剂加注过程中，一些工作需要通过换热器来完成。在液氧过冷流程中，低温换热器作为过冷器，换热器内的液氧温度高于周围介质（液氮等）的温度；而在液氢自增压过程中，低温换热器作为汽化器使用，换热器内液氢的温度低于周围介质（空气、水等）的温度。

5）控制系统故障

加注系统中的控制系统是关系到加注成败的关键因素。在信息化、自动化技术普及下，控制系统已经成为加注系统的大脑。加注控制系统包括温度、压力、液位、流量等参数的采集、监测与数据处理，各种低温阀门的控制等。加注控制系统出现故障可能影响设备的启停、加注量的计算，影响加注的进程。

2 加注系统关键设备故障的影响

加注系统关键设备较多，出现故障的影响各异，对于加注发射任务而言，影响可以分为对射前加注发射流程的影响和对任务安全的影响两个大类。

1）对加注进程的影响

加注系统关键设备出现故障，首先将影响到加注进程，特别是对于低温液体推进剂加注系统，由于射前程序设计中，低温推进剂加注较为靠后，若加注过程中出现故障，允许处置的时间有限。

对于加注管路、阀门、换热器等关键设备和部件，通常在系统设计时均考虑了一定的冗余备份，因此一个关键设备故障，可以立即切换备份继续开展加注工作，同时并行开展故障排查和处置。

2）对任务安全的影响

加注系统关键设备故障，如果造成推进剂泄漏、管路系统局部憋压等，可能对加注系统，甚至发射任务的安全造成影响。因此，关键设备故障应迅速定位。

3　加注系统关键设备故障处置的一般原则和策略

1）先期处置与安全分析

出现故障后第一时间开展先期处置与安全影响分析，分析设备故障是否有安全隐患，确保系统处于一个安全的状态。

若设备处于启停过程中出现故障，则未动作，不会影响系统工作；若设备在运行中，则需要视情况决定是否停机以确保安全。

2）故障处置

由于系统组成原理不同，具体设备不同，加注系统关键设备故障处置难以一概而论，就其策略而言，一是采用备份手段和措施继续完成加注；二是若备份不足，必须开展故障排查后才能继续加注的，则立即组织排故。

软件故障，在当前远控测发模式下，加注系统在加注库区，即发射区设置有加注控制计算机，并在后端指挥控制区域设置有远程加注控制终端，两种手段互为备份。同时，前端和后端控制终端仍可采用备份手段，采取双机并联的方式对系统进行控制。因此，软件故障时，可首先采取重启软件的方式处置，若仍异常，即启用备份设备。

硬件故障，则视硬件备份情况，若有备份设备则立即使用备份设备完成加注过程。具体故障的排查处置，视设备技术状态确定。以液氧加注系统为例，液氧推进剂加注可采用泵加和挤压加注两种方式，因此若泵故障，则切换备份，仍故障则可切换挤压加注方式进行加注。需要注意的是，无论是切换备份泵，还是切换挤压加注方式，均需一定的操作和系统状态转换时间，需要统筹考虑对加注进行的影响。若过冷器、换热器、管路阀门等故障，则可采用备份路进行加注，以绕过当前故障设备。

4　实战案例

案例一

2010年某型火箭发射任务中，执行芯一级氧化剂全速加注过程中，在由A贮罐切换至B贮罐后的几十秒内，B贮罐的1#加注泵电流（如图6-4所示）、泵后压力、瞬时流量均快速下降，加注泵出现异常声响。

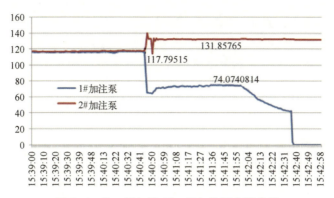

图 6-4　芯一级加注 1#、2#加注泵电流曲线

故障发生后手动停止了 1#加注泵，现场观察 1#加注泵起动柜上"轴承磨损"和"空转指示"两个异常指示灯亮，表明该加注泵出现了故障。

分析认为在贮罐切换过程中，1#泵受短时供液的波动影响，形成汽化带，导致 1#加注泵气缚发生异常。贮罐切换时贮罐压力、瞬时流量、贮罐切换持续时间等，在贮罐压力较低、瞬时流量较大等情况下产生了较大的汽化带，是导致加注泵气缚并出现异常的直接原因。当 B 贮罐正常供液时，四氧化二氮通过 B 贮罐出液管进入主管路。打开 A 贮罐出液阀后，主管路中流量仍主要由 B 贮罐提供。

（1）延时关闭 B 贮罐出液阀时，B 贮罐至 A 贮罐之间管路内四氧化二氮仍处于高速流动状态，在惯性作用下会保持短时的流动趋势，导致管路中出现一定的低压区，如图 6-5 中 a 部分所示。

（2）B 贮罐出液阀关闭后，两台泵仍然同时加注。对于 A 贮罐来说，其出口流量在 B 贮罐出液阀关闭的过程中瞬间增大，从而易造成 A 贮罐出口管路处同样产生低压区，如图 6-5 中 b 部分所示。

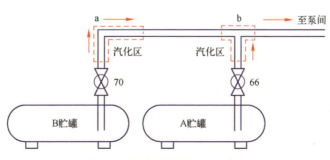

图 6-5　管路汽化带产生示意图

如果对问题进行处理，则需要故障处置时间；同时故障处置面临二次调温，导致任务推迟的可能，因此加注系统通常设置备份泵。该问题出现后，系统按照预案，立即切换至2#泵继续加注，成功完成了加注任务。

➢ 实战原则：加注发射阶段，地面系统出现故障后，采用先期快速处置、射后再分析的策略。

案例二

2020年某型火箭发射任务中，液氧加注时，进入贮箱预冷工序，半小时后出现贮箱预冷压力接近控制上限。

系统人员根据氢氧贮箱压力控制要求，当氧箱压力接近控制上限时，多次采取了减小预冷流量、暂停芯二级氧箱预冷和塔上管路排气的措施，有效避免了贮箱超压和共底反压。

在预判氧箱无法按时完成预冷工作后，通过分析贮箱加注量，系统人员建议芯一级和助推氧箱预冷好以后先转大流量加注，按现有氧箱加注总量小，即使维持小流量也不影响大流量加注完成时限。大流量加注期间贮箱的压力较高，维持在控制压力上下，而排气口压力一直为0MPa，说明该阶段贮箱至排气口段管路排气不畅。

在大流量加注结束后，系统分析认为，摆杆上Z形管路由于高度差大（如图6-6所示），液氧预冷及大流量期间未实际冷透，可能存在气堵情况，导致贮箱压力升高。管路在停放阶段会回温，进入射前补加时，可能再次形成气堵而达不到补加流量，存在影响射前流程正常完成的风险。

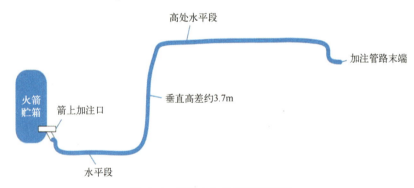

图6-6 摆杆上加注管路示意图

系统制定三条处置策略：

（1）-3h阶段开始先从塔上排气预冷末端Z形管对氧箱进行泄压；

（2）如果泄压效果不佳，则-2.5h实施地面增压加注，在加注进箭总量满足需要后停止，确保加注管路畅通；

(3) 若液体无法流通，则对氧箱进行增压从塔排进行排气，实现末端加注管路的反向预冷填充。

在执行第一步处置措施后，未达到预期效果；随后开展第二步处置措施，顺利实现液氧加注的目标；恢复系统状态后，重新进入了正常的加注流程，第三步处置措施不再实施。

在射前补加过程中，液氧补加流量稳定，加注顺畅，未发生气堵问题，顺利完成了液氧射前补加工作。

➤ 实战原则：低温加注系统要高度重视吸热汽化形成的气堵现象

案例三

2017 年某型火箭发射任务中，在完成氢气置换工作撤收时，塔上氢排管路上的气动截止阀 A（如图 6-7 所示）在气动状态下，开关过程存在卡滞现象。气动状态下关闭阀门，改为手动状态，无法正常打开阀门，仅能实现短距离的动作。

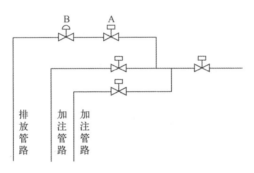

图 6-7 液氢加注系统塔上部分阀门示意图

在确保系统未破空的状态下，系统人员现场对截止阀气动执行机构（典型低温真空绝热截止阀，结构如图 6-8 所示）进行了分解、拆除，排除了气动执行机构问题。之后又拆除气动执行机构定位螺栓，抽出阀杆下端部分时发现该部分零件在轴向和周向均无法动作，存在严重卡滞现象。据此可以判断阀杆下端与阀体内腔某部件干涉导致阀门动作卡滞。

系统对加注过程中的阀门状态进行分析，截止阀 A 阀门主要用于控制塔上液氢排放。如果该阀门打不开，则无法实现芯一级塔上加注管路的排放功能，并直接影响预冷、自动补加、热液氢排放、管路排空等工序。如果关不上，可以通过关闭调节阀 B 来实现切断芯一级塔排管路的功能。

由于临近加注，更换阀门需要进行置换、检查等工作，势必影响任务准时发射。经分析，可以通过动作调节阀 B 来实现排放管路的通断。通过计算两阀的流通面积，确认分析该段管路上的最小流通面积为调节阀 B 处，因此，截止

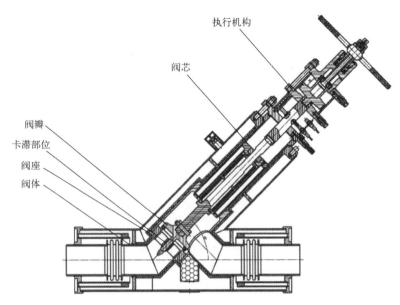

图 6-8 典型低温真空绝热截止阀结构

阀 A 现有的开度不影响排放流量,可以完成加注工作。另外,截止阀 A 的作用是射前加注管液氢排放至燃烧池的通道,目的是处理管路多余液氢。系统经过分析,认为即这条通路排放不畅,还可以从加注通道的逆回路完成多余液氢处置,能确保液氢安全。

指挥部决策,为确保准时发射,不进行卡滞阀门的更换;液氢加注过程中截止阀 A 保持打开短距离的状态不动,通过开关调节阀 B 来调整加注流道和系统状态完成加注。后续在指挥部的精心组织下,顺利完成了液氢加注工作。该次任务加注发射过程顺利,实现了安全点火、准时起飞。

> 实战原则:进行系统级的冗余

地面系统不飞行上天,在重量和体积上限制不大,因此,在设计时多准备一些冗余备保手段,以防突发故障,还可以进行系统级的备份,减少设备级备份,使得系统更加简单紧凑。

第 2 节 推进剂泄漏

1 推进剂泄漏的概念

推进剂是运载火箭发射、飞行和调姿的能源,运载火箭的各级贮箱、姿控

(或末修级)贮箱以及卫星、飞船、空间站等有效载荷的容器均需要在发射前贮存一定质量的推进剂。在火箭的起飞质量中,推进剂质量占70%至90%。在液体推进剂发展过程中,遇到了剧毒、强腐蚀、易燃、易爆、环境污染等诸多安全和环保问题,但由于液体推进剂具有比冲大、推力可调节、能多次重复启动等优越性,是固体推进剂难以比拟和取代的。

目前氧化剂主要有液氧、四氧化二氮、红烟硝酸,还原剂主要有液氢、煤油、偏二甲肼、甲基肼、甲烷,此外还有部分单组元液体推进剂,如无水肼、单推-3等。

根据运载火箭推进剂种类的不同,加注系统组成差异较大,火箭所使用的推进剂种类和数量,决定了加注系统建设的类型和规模。但加注系统通常含有数量庞大的法兰、焊缝、管路、阀门、螺纹接头,而这些设备部件是泄漏发生的主要部位。通常可用4种情况来表征液体推进剂的泄漏程度:

(1)渗漏:设备表面有明显的介质泄漏痕迹,擦掉痕迹,几分钟后又会出现;如果泄漏介质是推进剂蒸汽,用小纸条检查时,纸条微微飘动,用肥皂水检查时,有气泡产生。

(2)滴漏:介质泄漏成水球状,缓慢地流下或滴下,擦掉痕迹,5min后再现水球状泄漏介质;如果泄漏介质是推进剂蒸汽,用小纸条检查时,纸条飞舞,用肥皂水检查时,气泡成串。

(3)重漏:介质泄漏较大,连续成水珠状流下或滴下,但未达到流淌程度;如果泄漏介质是推进剂蒸汽,则可听到泄漏气体所发出的噪声。

(4)流淌:介质泄漏严重,连续喷涌不断,成线状流出。

2 推进剂泄漏的影响分析

运载火箭推进剂泄漏根据推进剂种类、发生泄漏部位、泄漏的程度不同等,其影响差异较大[3]。除必须确保泄漏不影响运载火箭加注量和推进剂品质,以满足加注点火要求外,主要影响还包括以下要素:

1)毒性

运载火箭有毒推进剂,如偏二甲肼(如图6-9所示)和四氧化二氮,具有高比冲、燃烧性能稳定等优点,在军事、航天领域有着广泛应用,同时推进剂具有剧毒、强腐蚀、易燃易爆等特性,使得推进剂在贮运过程中存在着很大的安全隐患,发生泄漏会造成严重后果。

2)低温

液氧和液氢的主要特点是饱和温度极低,黏度很低,渗透性极强容易泄漏,体积汽化潜热和比热较小,容易产生温升和体积膨胀;液氢的比容大,贮

航天任务准时发射实战

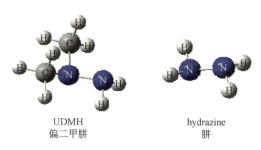

图 6-9　偏二甲肼和肼的分子结构

运同质量的推进剂要用更大容积的贮运罐；虽无污染，但泄漏和排放的氢蒸气与空气或氧气混合后，混合物的点燃和引爆浓度范围很宽，所需的点火能量极小；流动的氧蒸气容易积累静电。典型液氢贮罐泄漏扩散示意如图6-10所示。

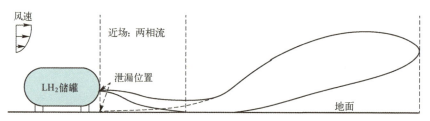

图 6-10　液氢的扩散示意

3）易燃易爆

推进剂存储、运输、转注、加注，火箭的装配、调试及发射过程中，各种原因造成的推进剂泄漏，很容易引起爆炸事故。

实战案例

1962年~1980年，美国，"大力神"2火箭有毒推进剂大量泄漏

1962年，美国"大力神"2火箭在加注完成后，拆除加注后管路时，少量（几升）混肼溢出并起火。在火箭研制过程中，开展了大量混肼与其他物质的相容性试验，以验证其安全性，但并未分析到混肼与铁锈的相容性，在测试发射应用场景覆盖性上有所缺失。此次混肼溢出，恰恰是与现场的铁锈不相容，导致相遇起火。

1978年8月24日，美国堪萨斯州威奇托发射场"大力神"2火箭发生四氧化二氮大范围泄漏，大约有50000升四氧化二氮泄漏到地下发射井中，2名工作人员遇难，超过25名工作人员不同程度受伤，发射井无法修复。

1980年9月21日，美国"大力神"2火箭374-7地下井推进剂泄漏引起爆炸，摧毁了造价2.2亿美元地下发射井，740吨井盖被爆炸气浪抛出一百多

米高,火箭内W53核弹头被弹射出地下井,弹头爆炸当量达到90万吨TNT。

- ➢ 实战原则:质量第一、安全第一
- ➢ 实战原则:完备的故障处置预案至关重要
- ➢ 实战原则:加强故障处置预案演练,提高应急处置能力

以液氢为例,液氢(LH_2)无腐蚀性、无毒,但和一些氧化剂形成的混合物极易着火或爆炸。氢气和空气组成的混合物有很宽的可燃极限,并只需极小的引燃能量,故非常易燃易爆。

液氢、氢气本身无毒,但氢气浓度过高时会造成缺氧窒息。液氢由于温度过低,人员皮肤接触后容易冻伤。由于液氢温度过低,且易燃易爆,相关人员着装必须防冻伤和防静电,相关设备设施严格采取接地和防雷措施,操作使用镀铜工具,现场附近严禁明火,严禁有关人员携带火种。

4) 化学性烧伤

有些推进剂,主要是氧化剂、某些单元推进剂和推进剂添加剂,具有强腐蚀性,可引起皮肤化学性烧伤。

我国航天器发射有关作业中,曾发生过红烟硝酸、四氧化二氮、氢氟酸和过氧化氢等推进剂化学性烧伤事故。液态氧与裸露的皮肤接触会引起冻伤,并影响眼睛的黏膜。

5) 窒息

在推进剂的转注、贮存、加注和设备检修过程中,均要使用氮气保护、增压和清洗,造成局部环境缺氧,引起作业人员窒息。窒息多发生在推进剂槽车、贮罐清洗和检修作业中。

3 泄漏处置的一般原则和策略

液体推进剂发生泄漏时,及时封堵泄漏源,控制泄漏量,防止染毒区域进一步扩大,是避免火灾、爆炸、人员中毒、环境污染等恶性事故发生的首要条件,其处置通常分为先期处置、现场处置和后期处置3个阶段。

其中先期处置主要是快速判断情况,确保安全;现场处置为推进剂泄漏处置的主体,根据不同的推进剂物化性质和系统构成原理,开展推进剂泄漏的控制,进行封堵操作等;后期处置是在推进剂泄漏情况得到有效控制,不再泄漏后,进一步实施的避免其影响进一步扩大的措施,包括洗消等降低环境污染,并降低对周围设备设施和人员可能造成危险的可能性。

1) 先期处置

发现推进剂泄漏,应及时报告泄漏现象和部位,并立即紧急疏散,尽可能判明情况,并做好人员防护,确保人员安全。在加注、转注过程中,液体推进

剂发生渗漏或滴漏时,要立即停止相应的操作动作,首先确保安全。

对于低温推进剂,要现场迅速判断推进剂泄漏程度,迅速撤离泄漏污染区人员至上风处,并进行隔离,严格限制出入。

2)现场处置

对可能的泄漏设备、可能的泄漏部位进行分析、确定。对带压堵漏技术进行研究,研究堵漏方法(如冷焊堵漏、阻塞堵漏、加压堵漏、黏接堵漏、注剂堵漏等)、堵漏器材,进行材料相容性试验,确定适用常规加注系统的带压堵漏技术。

堵漏技术是专门研究原密封结构失效后,在泄漏缺陷部位重建新的密封体系的一门技术,包括静态堵漏和带压堵漏。带压堵漏技术是指带温带压不动火的条件下对运行中的设备、管道、阀门等设备进行现场堵漏。目前常用的带压堵漏方法有阻塞堵漏、加压堵漏、黏接堵漏、注剂堵漏等。现在推进剂领域堵漏手段还比较原始单一,如水玻璃-石膏堵漏、盲板堵漏、生料带缠绕堵漏等,操作复杂,堵漏压力低。

在国内外常规推进剂偏二甲肼/四氧化二氮得到广泛的使用,我国现役的CZ-3A系列运载火箭的一、二级助推,采用偏二甲肼/四氧化二氮作为推进剂,有着较为成熟的堵漏技术,包括:管道注剂(胶质等)堵漏、阻塞堵漏+冷焊黏接、顶压冷焊黏接、冷焊黏接+捆扎堵漏、紧箍挤压、Sava捆绑堵漏带等。用于处理加注过程中出现的法兰泄漏、管路缝漏、管路点漏等泄漏情况。

(1)注入式堵漏。

注入式堵漏工具,由液压油泵、注胶枪体、连接油管、注胶接头和胶棒组成,原理是通过油泵推压注胶枪内的胶棒实现注胶,填充泄漏处,实现堵漏,如图6-11所示。

图6-11　注入式堵漏工具及实施示意

注入式堵漏工具主要用于封堵法兰连接处的泄漏,操作手首先确定法兰泄漏部位,使用无火花工具拧下连接螺母,将注胶接头连接至法兰螺栓上,然后使用高压油管连接注胶枪和油泵,从注胶口装入胶棒,旋紧油泵截止阀,拧开油泵通气盖,打开油泵把手定位销,上下压动油泵的手柄,推压胶注枪的活塞杆挤压胶棒实施注胶。观察压力表,当压力不再回落时,注胶完毕,堵漏工作完成。

(2) Sava 捆绑堵漏带。

Sava 捆绑堵漏带,如图 6-12 所示。包括一个脚踏式充气装置,其最大充气压力为 0.15MPa 和 2 个不同规格的堵漏带,其中较小的一个长 800mm 宽 250mm,适用于直径约 150mm 的管路堵漏;另一个长 1100mm 宽 450mm,适用于直径约 250mm 的管路堵漏。堵漏带由天然及合成橡胶制成,具防油、防酸、防碱、防腐蚀等性能,主要用于封堵直径大于 50mm 的管道、圆筒及各种椭圆形容器。

图 6-12　Sava 捆绑堵漏带

Sava 捆绑堵漏带用于处理管路的缝漏,在实施堵漏前,操作手首先确定泄漏位置,然后将堵漏密封带缠绕在泄露处,用固定带进行捆绑固定。固定完成后,将充气装置的气管连接在密封带接头处,使用脚踏方式对密封带充气,充气过程中观察堵漏带体积膨胀情况,当堵漏带与泄露处管道紧密后停止充气,断开充气装置,检查堵漏效果,堵漏工作完成。

SavaT 系列堵漏带,如图 6-13 所示。包括一个脚踏式充气装置、5 个不同长度的固定带和 3 个不同规格的正方形堵漏带,边长分别为 150mm、225mm 和 300mm,主要用于封堵直径约 100mm、150mm 和 200mm 的管路。

图 6-13　SavaT 捆绑堵漏带

SavaT系列堵漏带用于处理管路的点漏，操作手首先确定泄漏位置，然后将正方形堵漏带的中心压在泄漏点上，使用一条固定带将堵漏带缠绕固定。固定完成后，将充气装置的气管连接在密封带接头处，使用脚踏方式对密封带充气，充气过程中观察堵漏带体积膨胀情况，当堵漏带与泄露处管道紧密后停止充气，断开充气装置，检查堵漏效果，堵漏工作完成。

推进剂堵漏过程中，应采用防爆的无火花工具，包括扳手、钳子、螺丝刀等常用工具，均采用青铜、橡胶等材料制成，能够达到防爆目的。

对于液氧推进剂，应设法关闭泄漏源，自行挥发，做好现场通风，液氧本身是不燃烧的物质，但是它的性质非常活泼，有很强的助燃性，尤其是在密闭的空间中。如果是轻度的泄漏，可以直接用水结冰堵漏。如果是严重的泄漏现象，则需要马上采取紧急处理措施，处理人员戴自给式呼吸器，穿低温防护服工作，避免与可燃物或易燃物接触，尽可能切断泄漏源。

3）后期处置

在关闭相应管路阀门、采取有效封堵措施后，推进剂的泄漏得到有效控制，则需进一步采取推进剂泄漏后的洗消处置，这对于避免事故进一步扩大、减少人员伤亡、装备损坏和环境污染都具有重要意义。液体推进剂发生泄漏时，应根据实际情况，选择合适的洗消剂，采用合适的洗消方法，防止因处理不当而造成毒剂扩散，扩大染毒区域的范围。

4 实战案例

案例一

2012年某型火箭发射任务中，进行四氧化二氮推进剂加注过程中，一二级全速加注开始后，箭上操作手发现活动塔两处泄漏，一处为流量计连接位置，一处为加注硬管上压力表手阀接头处。随后在进行助推级加注过程中，分别发现Ⅲ助加注硬管上压力表测压管根部焊接部位，以及Ⅱ助加注硬管上压力表手阀阀芯部位泄漏，现象均为冒黄烟状态，没有滴漏。

现场发现问题后，立即上报指挥，经过现场分析确认，泄漏程度为渗漏，而且是地面管路，在防止次生灾害发生的情形下，继续流程，因此决策采取以下措施：

（1）采用沾有中和液的毛巾包裹微漏部位的方法处理，黄烟会明显减少；

（2）持续关注箭上气密性状态，确认"箭上气密性良好"；

（3）处置完成后，实施全速加注。

该问题的处理及时得当，全部工作在加注发射流程时间内完成，未对后续加注工作造成影响。任务后，系统对该问题进行了深入排查，发现塔上软硬管路对接的敲击和振动，对硬管连接密封性造成影响，造成管路松动泄漏。

案例二

1969年7月16日，美国"土星"5火箭准备执行"阿波罗"11号任务，送阿姆斯特朗等宇航员首次去月球，此次任务意义重大，官方倒计时程序开始于-28h。

经过长时间的准备和测试，-8h25min，推进剂开始加注；宇航员在-5h17min被叫醒（4:15），进行15min的体检，准备登船；-5h4min，二级液氢开始加注；-4h21min二级加注完毕，开始三级液氢加注；液氢加注过程中，电气系统再次进行安控系统检查；-4h32min宇航员吃早餐，-3h57min开始穿宇航服。液氢加注预计在-3h38min完成，但在三级补加时，补加阀出现液氢大量泄漏，随时可能着火爆炸，抢险队立即赶赴现场进行处置。

液氢泄漏处置的过程中，抢险组通过泼水结冰的方式堵住泄漏，这种方式导致阀门无法动作，于是工程师决定使用主加阀进行补加。决定更改加注程序，并手动补加，并申请倒计时继续。

通过现场的判断能够在补加前完成封堵处置，因此决定宇航员仍按时-3h7min从技术区出发，12min后抵达发射区，通过脐带塔电梯到达9号摆杆，通过摆杆进入飞船驾驶舱（-2h39min）。宇航员坐在驾驶舱时，甚至不知道推进剂仍在泄漏。

最终，地面工程师采用手动补加的方式，完成了推进剂加注工作，"土星"5火箭准时点火起飞。

案例三

2019年，我国某型低温火箭液氧补加时，液氧系统所采用的液氧过冷器原理简图。如图6-14所示。其中V为单通、三通等管路阀门，S为安全阀，M为爆破片，DN表示系统管路内径。

在液氧补加过程中，其中一个过冷器出口液氧加注管路上M03爆破片处发生泄漏。初步判定是爆破片因锈蚀薄弱后承压能力下降而破裂，导致过冷器出液管液氧从爆破片处泄漏。

系统人员分析认为过冷器段的爆破片与安全阀并联，有安全阀即可有效保证过冷器安全，将V13三通阀切换至安全阀S03，隔断了该爆破片泄漏段，由于处置迅速及时，未对后续液氧补加工作造成影响。

此次故障后，系统明确在后续任务中射前状态检查时，将所有过冷器和液氧液氮贮罐的爆破片隔断。

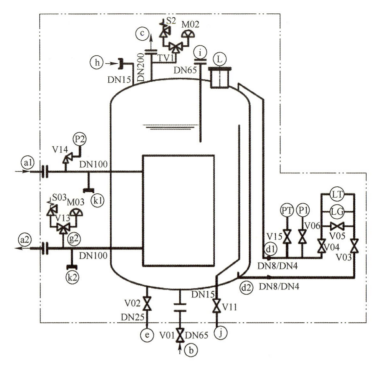

图 6-14　某过冷器原理简图

> 实战原则：迅速处置，果断处置

第 3 节　推进剂加注量异常

1　加注量异常的概念

运载火箭所需的加注量即是推进剂质量，直接关系到运载火箭能否将卫星准确送入轨道。加注量通常以容积量计算，即以容积量定量。推进剂加注量是由诸元计算来完成的，诸元计算的范围包括预测发射温度、通过预测满足要求的发射温度来确定库房调温温度和推进剂加注温度，最后确定加注量等。

两种推进剂的加注比例与飞行混合比有关。就一种推进剂而言，当加注温度和发射温度偏离标准温度时，加注容积会发生变化，确定推进剂加注量是以保证在特定发射温度下推进剂飞行后剩余量最小为原则，需满足 3 个条件：

（1）不管何时发射，均应确保贮箱气枕容积不小于最小气枕容积。

（2）燃烧剂和氧化剂的加注比例在温度变化后也应符合发动机的飞行混

合比。

（3）满足弹道要求的推进剂质量要求，且推进剂剩余量最小。

推进剂加注量是由诸元计算来完成的，诸元计算的范围包括预测发射温度、通过预测满足要求的发射温度来确定库房调温温度和推进剂加注温度，最后确定加注量等。

目前，用于火箭的低温推进剂主要有液氧和液氢。为了保证在火箭起飞后仍然能够向火箭发动机提供规定品质（温度）的推进剂，通常要求加注结束后贮箱中推进剂的温度不能超过某一规定值。因此，要求地面加注系统向火箭贮箱加注过冷的推进剂，以降低贮箱中推进剂的整体温度。由于加到火箭贮箱中的推进剂要不断吸热汽化，为了补偿汽化损耗，点火发射前按照贮箱液位要求进行射前补加，或者在推进剂加注后一直持续补加至点火发射前。

影响推进剂加注量主要包括两个方面：

1）计量方式

加注量的定量方式可分为地面定量和箭上定量。地面定量一般是以箭上基准液位为基础，基准液位以下箭上定量，基准液位以上通过地面流量计进行定量补加。目前偏二甲肼、四氧化二氮、煤油等常温推进剂一般采用地面定量的方式。箭上定量一般指的是根据箭上的液位传感器实现定量，液氧、液氢一般都采用这种方式。

为了尽量缩短整个加注过程时间，保持液面稳定和贮箱的反压稳定，国内外运载火箭基本采用在某个液位以下实施大流量加注即全速加注而达到某个容积值时减速加注，到达该液位后转为小流量加注。如俄罗斯某型火箭大流量加注速率为7~10t/min。加注从-2.5h开始，先煤油后液氧，大流量均采用泵式加注，液氧加到95%后用泵进行小流量补加。

2）停放温升变化

加注诸元计算是一个理论计算的过程，在实际保障中，火箭推进剂温度受到库房推进剂温度，加注过程温升，以及停放期间环境气温、风速、日照及加注持续时间等多种因素的影响，加注后的推进剂容积时刻在发生变化。要准确预计发射时推进剂的温度、容积，就需要对这些因素逐一加以分析。如果火箭停放时间过长，可能因温度上升膨胀，导致推进剂容积超标，进而气枕容积小于最小气枕容积要求。

2 加注量异常的影响

1）对飞行弹道和任务的影响

加注量异常直接改变火箭起飞时的初始数据，包括加注的推进剂总量、箭体的起飞质量，从而对运载火箭弹道设计的诸多参数造成影响。箭体起飞质量变化，在额定的发动机推力影响下，火箭飞行中的过载随之发生变化。若加注的推进剂不足，发动机按照额定工况消耗，则会导致发动机提前耗尽关机，从而影响制导精度。

推进剂加注均会考虑一定的余量，包括管路灌注、防塌消漩及剩余安全余量等，因此加注量与预计加注差异较小，可能对飞行影响不大，只是余量有所降低。如果加注量与预计加注量差距过大，对飞行影响较大，可能产生较为严重的后果，甚至直接导致飞行失利。

实战案例

2019年，俄罗斯，"联盟"号火箭三级提前紧急关机

2019年2月21日，俄罗斯用"联盟"火箭发射"埃及星"A遥感卫星时，火箭第三级因发动机燃烧室失压而提早约6s紧急关机，致使三级工作结束后的弹道近地点比预定高度低了57km，好在"弗雷盖特"上面级随后通过延长工作时间弥补了这一速度和高度缺失，使卫星最终仍进入了预定轨道。

事后排查发现第三级性能偏低的原因是岗位人员把三级液氧和煤油推进剂的加注量搞反了。正常情况下，第三级应加注15.7t液氧和7.2t煤油，而实际加注了7.2t液氧和15.7t煤油。

▷ 实战原则：关键状态要坚持多方核实

射前有很多装订的参数，如瞄准、加注量、发射窗口等，由于射前工作紧张，很容易出错，而一旦出错很有可能是成败型的，因此，需要多人把关确认。

2）对气枕容积的影响

运载火箭贮箱加注后，贮箱内推进剂上部空间称为"气枕"，对气枕压力的控制即对箱压的控制。现役火箭的贮箱同时也作为箭体承力结构，即"承力式贮箱"，火箭的贮箱壳体要同时承担火箭壳体的作用，传递火箭受力载荷，平衡内外压差，如图6-15所示。承力式贮箱的设计思路是"内压平衡轴压"，运载火箭在飞行过程中，过载与风载荷作用于火箭轴向，箭体在轴向受压。承力式贮箱箱体通过提高内压，可部分平衡火箭的轴向受力，即"内压平衡轴压"。

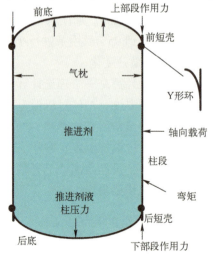

图6-15 贮箱受力情况

若推进剂加注量出现偏差，则气枕容积发生变化，将影响箱压控制。特别是推进剂加注过量的情况下，贮箱的气枕变小，在推进剂蒸发过程中，气枕压力将可能超过增压系统控制范围，对增压系统造成不利影响，如箱压超压，或频繁开启排气阀门等。

3 加注量异常处置的一般原则和策略

推进剂加注量异常，应综合箭体信息判断当前的加注状态，并根据具体情况开展处置。

1) 加注状态的判断

根据地面加注系统流量计和箭上贮箱液位相互佐证，从而判断加注量情况，与理论加注量相比，加注量不足或超过需求值，需分析对加注发射和飞行的影响。通常，加注量异常需开展二次加注。

这里，需要引入基准液位的概念，为了更好地实现定量加注，箭上贮箱设置基准液位，推进剂加注到达基准液位后，采用小流量定量补加至终值液位。这种策略利于基准液位以下大流量快速加注，从而压缩射前工作流程时间。而在加注量异常情况下，二次加注通常仍围绕基准液位展开：若加注量不足，但已超过基准液位，通常仍需泄回至加注基准液位，重新以加注液位为基准进行小流量补加，以保证加注精度；若加注超过理论值，同样需泄回至基准液位再进行补加。

2) 异常故障的定位

加注量异常，可能的故障模式有多种，从加注系统库区至箭上，设有加注流量计和液位传感器。不考虑二度故障的情况下，通常流量计与液位计可以相互佐证。流量计和液位计通常可选用备份进行计量。需要注意的是，必须确保二次加注时加注量计算的精确。如果是地面流量计造成的异常，可以选用备份流量计；如果是箭上基准液位失效，则可根据需求，重新选择基准液位。

3) 其他影响

加注量异常时，需根据诸元计算，判定推进剂温度是否超标，是否采用全部泄回再加注，还是部分泄回二次加注。

4 实战案例

案例一

2004年某型火箭发射任务中，进行燃料加注时，模拟屏与流量积算仪显示的数据不一致，最大相差约5000L。

系统立即暂停加注，系统打回流，进行排查分析。

所谓系统打回流，就是沟通系统的加注和泄回相关管路，暂停向箭上加注，所有已经在地面加注管路内的推进剂回流至库区。

经分析，系统中共有3处涉及流量计系数，分别为流量积算仪、工控机和PLC设备，如图6-16所示。流量积算仪用于显示流量瞬时量、累计量、流量计系数的调整。而PLC的流量计系数是通过加控台的工控机来装订的。通过查看数据发现PLC内流量计系数与流量积算仪上的系数不一致。

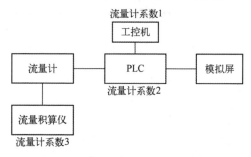

图6-16 某加注系统流量计数设备框图

岗位人员迅速开展比对核算，通过计算并比对贮罐输出量，判定流量积算仪上显示的累计量较为准确。因此决策，在加注过程中以流量积算仪的累计量为准，并实时比较贮罐输出量，根据这一规程，顺利完成后续加注工作。

> 实战原则：关键状态要坚持多方核实。本例充分体现了佐证措施的有效性

案例二

2007年某型火箭发射任务中，燃烧剂加注过程中，当工序进行到"减速加注"后，控制系统加注实测值被清零，加注量从该时刻后重新开始计数（正常应连续计数）。

系统立即采取打回流操作，并暂停加注，泵继续运行，液体打回流至贮罐。

系统分析认为，常规推进剂采用的是达到基准液位后地面定量补加的控制思路，基准液位以下的加注量以基准液位信号为准，地面加注量除流量计累积量作为参考，可以采用贮罐液位作为辅助参考。此时如果进行流量计更换，会影响加注工作，系统采取以贮罐输出量为基准，报告库房实际加注量，正常完成了二级燃烧剂的加注。

案例三

2011年某型火箭发射任务中，在燃烧剂进行Ⅱ、Ⅳ助推同时补加过程中，Ⅱ助推整个补加过程正常，而箭上Ⅳ助推加注球阀及加溢活门提前关闭，补加提前终止。助推常规燃烧剂加注采用定量补加的方式，即Ⅱ液位以下加注量以箭上液位信号为准，Ⅱ液位以上加注量以地面库房补加流量计L3和L6定量补加为准。Ⅱ、Ⅳ助推燃烧剂加注时序如图6-17所示。

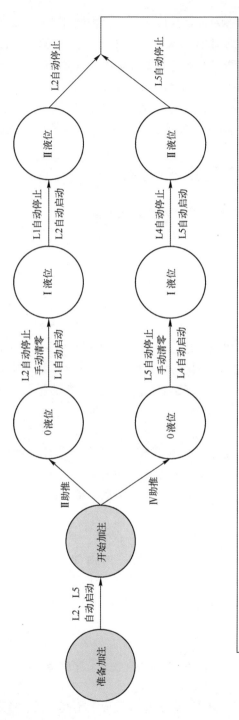

图 6-17 燃烧剂加注系统 II、IV 助推加注时序

故障发生后，系统进行排查发现加注库区的加注控制计算机、运载火箭的箭上液位计量均显示Ⅳ助推补加累计量为124l，而加注系统的控制设备的L6流量积算仪为574l。积算仪累积量达到定量补加标准，导致补加提前终止，可判断为箭上并未加注到位，问题出在流量计积算仪L6故障。

为确保按时完成加注，根据预案采用二次定量补加，启用备份流量计L5，重新装订补加值450l，手动控制进行Ⅳ助推二次补加，最终补加量满足任务要求。

> 实战原则：参与控制的测量仪器需冗余备份

第4节 供气系统故障

1 供气的概念

发射场的供气系统为发射场区火箭、航天器以及地面加注等系统测试、发射过程提供高压洁净的氮气、氦气、空气、氧气和空混气等保障。供气系统主要由气源库、供气外线、单体建筑物供气设备、控制系统和移动气源设备等组成。火箭对地面供气的基本要求主要包括气体种类、供气参数（如压力、温度、流量）和品质（如纯度、杂质气体含量、含水量、含油量和尘埃等有害杂质含量）。主要特点归纳如下：

1）系统复杂

一个完整的气路流程较为复杂，应具有充气、贮气、净化、增压、配气、输送等功能。因此，发射场供气系统是一个庞大而复杂的系统，以气体机械设备为主，涉及的专业面广、设备多而复杂、安装分散、接口多。

2）压力高

由于火箭、航天器和地面各系统的用气需求大、要求高，因此发射场供气系统压力较高，通常在 1~35MPa。目前，国内外航天发射场用气的要求指标有的达到 20~30MPa 甚至更高，而发射场地面的贮气压力还要留有一定的余量，例如要求工作压力 35MPa，则地面最高的贮气压力要做到 45MPa。

3）用气点分布范围广

发射场用气点几乎遍布技术区及发射区的每一个工业设施、厂房和工位。

4）用气时段不均匀

根据每次任务的不同，用气会非均匀分布在发射的不同阶段，在动力系统用气测试或发射日等时段，供气需求会大幅提升，而其他时段，供气需求很小，有些气体种类甚至多天无须使用。

5）供气模式多样

发射场供气总体可分为气瓶车供气、气瓶加固定管线供气和在线压缩供气三种模式。

气瓶车供气模式适用于一次任务用气量数十 m^3 到数百 m^3 的需求，该种模式采用事先制气、气瓶车贮存。需要使用时，车辆行驶到用气建筑物外，经建筑内的固定管线向用气点供气。该种模式适合多个位置较分散、用气量较小的单体建筑物的供气，具有经济、灵活、适应性强的特点，在传统发射场的一些测试厂房普遍采用。

在线压缩供气模式适用于一次任务供气总量在 10 万 m^3 以上甚至数百万 m^3 的用气需求，该种模式以空气、液氮为气源，采用大型压缩设备在线压缩供气。

在线压缩供气模式具备数万 m^3/h 的高压供气和超长时间供气的能力，这是气瓶车供气模式所无法完成的。对于大型低温运载火箭发射场，当空气、氮气有超大量的需求时，采用在线压缩供气模式是必然之选。图 6-18 和图 6-19 分别是空气和氮气在线供气系统框图。

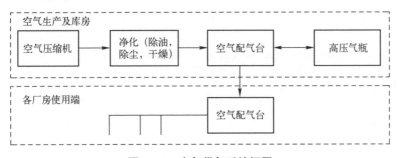

图 6-18　空气供气系统框图

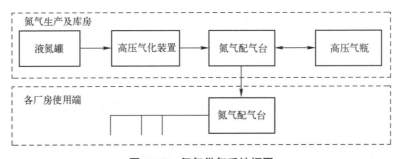

图 6-19　氮气供气系统框图

2 供气故障的影响

供气系统故障的影响是功能性和安全性两方面的。

功能性影响,即需要供气的系统无法得到相应压力等级和品质要求的气体时,对其系统功能的影响。这部分影响主要是影响测试项目的进程,无法开展某些操作。

通常,在关键的供气路会设置单向阀,因此反向可以保持住气体压力,撤气后相应的阀门可以在一定时间内保持开闭状态。但在需要连续用气的场景,例如吹除、隔离气封等,撤气则意味着功能失效,这对于有些系统影响可能是十分严重的。液氢系统由于其安全性要求,在许多关键部分要求连续不断的高压氦气隔离,如果高压氦气供气出现问题,则可能导致一系列的安全性后果。

安全性影响方面,即由于高压气体自身蕴含的能量和物理性质,可能造成的潜在安全风险后果。如封闭空间内氮气泄露,则有人员窒息的风险。高压气体爆破贮存装置或管路,可能造成类似爆炸的高压冲击等。或高压气体泄漏或误供,管路固定不良的情况下可能产生管路甩摆,造成设备或人员损伤。对于软管系统,软管出口气体流速 V,气体质量流量 Q 时,其由于气体喷射产生的力 F 由下式计算

$$F = V * Q$$

对于高压气体,F 常远大于软管重量,从而造成甩摆。

实际应用中,供气系统故障往往不是撤气或爆炸这样激烈的方式,而往往是局部微漏、供气压力不足等,相关影响则需要具体问题具体分析。有时微漏未必影响系统功能,特别是地面端,可以经过适当处置,或直接不处置,对测试发射工作也不会产生直接的影响。

3 供气故障处置的一般原则和策略

供气系统发生故障后,一般在优先保障安全、可靠进行下去的前提下,开展故障处置。

(1) 判断是否对测试进程、加注发射进程有影响,以制定合理的处置措施。

(2) 供气系统设备大部分是有备份回路的,根据系统设计,立即切换备份路供气。

(3) 故障系统停机或切换至安全状态后,进行故障处置。此时根据压力等参数指标,判断供气故障位置,以及相关的系统设备、管路、阀门等。必要时,也可以通过开闭部分阀门,辅助判断供气故障的位置。

4 实战案例

案例一

2021年某型火箭发射任务中,发射场空气库区一个单向阀法兰连接处出现氦气外漏现象。所谓外漏,是相对阀门气体内漏而言的。系统人员对现场情况进行了判断,单向阀组件漏气为持续的小流量漏气,应该是单向阀的一个密封圈断裂造成的,而从单向阀的结构和漏气程度来看,不会造成多余物进入系统。要求岗位人员持续监测,漏点没有增大的现象,不影响供气功能。

同时考虑到此时供气中断可能造成任务中止,影响较大。综合考虑,决策以这种状态继续。在后续的加注过程中,该路供气功能正常,没有影响任务。

案例二

2020年1月27日,日本种子岛航天中心使用H-2A火箭执行光学卫星7号发射任务,射前检查中发现氦气供气压力异常。

系统人员在距离发射点约30m的管道连接处发现5m大小的漏点。现场对管路进行了替换,并填充了防腐蚀树脂,开展了相关的检验测试,火箭发射最终推迟到2月9日执行。

分析认为,该处管路的腐蚀,是由于当时雨水天气导致裸露在地表的管道连接处积水,管道发生腐蚀进而在流动的氦气压力下造成泄漏。但2019年5月和12月的两次检查中均没有发现任何异常。日本宇宙航空研究开发机构(JAXA)负责人表示,"有必要研究新的检查方法,以解决管道腐蚀问题。"

➢ 实战原则:关键状态的判断是一切处置的基础,必须坚持手段冗余,方法科学

第5节 加注供气系统多余物

1 多余物的概念

多余物是指产品中存在的由外部进入或内部产生的与产品规定状态无关的一切物质。多余物是造成发射场系统设施设备性能降低甚至功能失效的重要原因之一,也是火箭、航天器故障产生的重要原因之一,多余物防控是任务风险的重要组成部分。

常见多余物产生模式主要包括自然物、加工方法、系统污染、遗留物、断

裂、腐蚀、磨损、材质变性等。产生多余物的主要因素包括人员操作失误、设备工具污染、原材料缺陷、设计缺陷、工艺缺陷、环境问题等。加注供气系统多余物的产生过程主要包括：

1) 生产制造与安装调试

零件在加工制造过程中产生的毛刺、飞边、残料脱落将形成多余物。加工过程中用的冷却液、润滑剂残留物会引起腐蚀和污染。密封件被挤压、紧固件多次拆装、多次插拔插头导致插针镀层脱落等也会产生多余物。使用不合格工具或操作不当也会产生多余物。电气和电子产品制造过程中产生的导线端头、焊接用的焊剂残留形成多余物。

2) 设备设施运行使用

设备设施运行使用过程中，恶劣环境加速材料腐蚀，造成材料破损、断裂、脱落形成多余物；静电引起元件的电流腐蚀、吸尘；磁场的吸力使铁磁性磨屑吸附在零件表面或间隙内，引起元件的污染磨损和堵塞等故障；热能使油温升高，引起元件性能下降和油液泄漏概率增大，并加速油液变质和密封老化失效。

3) 杂质气体低温固化

液氢、液氧沸点极低，水蒸气、二氧化碳在液氧温度条件下会凝结为固体，氧、氮、氩等气体在液氢温度条件下会凝结为固体，引起阀门卡死、喷嘴堵塞等故障。液氢中存在的固态氧气或固态空气还极易发生爆炸，因此液氢系统在使用之前应先用氮气后用氢气或氦气置换，防止在系统中存在杂质气。

4) 运动部件磨损

相对运动的部件（如齿轮、轴承、活塞等）表面相互摩擦，介质（气、液、油）与管壁冲刷（如管壁有毛刺、焊接飞溅物、焊药残留物、表面涂层等）均能形成多余物。在液氢、液氧加注系统的球阀开闭过程中，球和密封垫产生的 F4 材料的磨屑会进入管路系统中而形成多余物。

5) 运行维护管理不善

在设施设备运行维护过程中，如果环境条件不满足要求、规章制度落实不到位、多余物防控措施不足、管理不善，极可能导致多余物进入。如动物进入电力系统、管路或容器破空冷吸、设备设施检修过程中遗留工具零件等。

2 加注供气系统多余物的影响

加注供气系统是典型的管道输送系统,在安装调试时有一整套多余物防治措施和办法,严格按照要求进行安装调试,可使系统具有一定的抵御多余物的能力,并将多余物造成的影响降至最低程度。加注供气系统还通过在系统入口设置过滤器,保证外界多余物不会进入本系统。

在系统中及系统出口设置过滤器,确保多余物不会进入飞行产品;在靶改及日常维护中采取防止系统破空、做好现场防护等严防多余物的进入;在任务过程中,一般通过采取推进剂品质化验、加注流程优化、多余物清理、接口确认等多项措施严格控制多余物进入产品或对产品造成损坏。

但是可能因操作不规范、清除不彻底、器件磨损等形成多余物的累积。加注供气系统中的固态多余物主要是金属屑、氧化皮、铁锈、焊渣、棉丝、灰尘、沙子、油膏、橡胶碎片和旧胶圈等物。

液氢系统还包括氮气、空气、氧气或水等杂质,液氧系统还包括氮气、水等杂质,供气系统的多余物还包括多余的润滑油等。

多余物对加注系统的影响主要有以下几方面。

1) 导致设备功能失效,危及安全发射

多余物堵塞供气系统或加注系统过滤器,就会影响正常加注,可能使某些功能丧失;多余物堵塞在两个相对运动的部件之间,就可能引起动作失灵,固体多余物会阻塞阀的间隙和孔口,引起阀芯阻滞和卡紧,使设备功能失效,导致系统故障;多余物随气体或推进剂进入火箭贮箱及火箭发动机,会导致火箭发动机工作不正常。

低温推进剂加注系统的特殊多余物主要是水、空气或氧气等杂质。当液氢中混有水、空气或氧气等杂质时,会在液氢贮箱或管道、阀门中凝结成为固态的水、空气或氧气,成为杂质,堵塞管道;而这些杂质(固态的水、空气或氧气)在受热时又会先挥发成气体,并与挥发的液氢构成易爆的可燃混合物,在管道或容器内部或在其排放口造成燃烧或爆炸。

多余物会导致加注系统及设备的可靠性及安全性降低,并减少其使用寿命。多余物积聚或多余物突然爆发,容易形成安全隐患,甚至造成安全事故。液氧或者高压氧气是禁油的,如果进入了含油物质或其他有机物,在液氧或高压氧气的环境下容易发生剧烈化学反应,造成爆炸事故。

2) 导致设备密封部位泄漏并涉及人身安全

多余物垫在密封部位就会发生泄漏,并造成密封面损坏;多余物进入火箭阀件的动密封部位,会导致火箭推进剂泄漏故障。

3) 导致设备磨损或腐蚀

多余物进入设备运动副间隙内，对零件表面产生切削磨损或疲劳磨损；高速液流中的固体颗粒对零件表面的冲击会引起冲蚀磨损。多余物容易造成安全阀、减压阀、电磁阀等要求高的部件失效，出现泄漏、异常动作等故障；较硬的多余物如金属碎屑等，还会导致阀门密封面、管路连接件密封面受损，造成密封不严故障；固体颗粒进入液氮活塞泵、活塞压缩机中，可能会造成活塞缸内壁损伤，影响工作效率，甚至造成机组损坏；油路中多余物容易造成油路堵塞、润滑不良的问题。

加注控制系统的接插件、继电器等元器件内如果出现多余物，就可能引起信号失误、控制失效。

4) 造成特燃特气指标不合格

系统内多余物较大或积聚较多，就会造成特燃特气品质不合格，无法使用。如供气使用指标要求颗粒度≤14μm 或 10μm，固体粒子浓度<5mg/m³，或 1mg/m³。

3 加注供气多余物处置的一般原则和策略

任务过程中，出现多余物一般有两种：一是多余物阻塞过滤器或重要设备，导致任务流程无法继续进行；二是多余物进入产品，导致工作需要重复。但不管怎样，主要采取的措施都是如何将多余物排出系统。

（1）多余物损坏设备。多余物损坏关键设备，可能导致系统工作无法进行，故障处置方式与关键设备故障处置基本一致。

（2）多余物阻塞过滤器。多余物阻塞过滤器发生时，一般有系统中压力升高、流速为零等现象，处置方式一般是如何通过应急预案将多余物排出系统。如果系统有排放管路，则沟通管路，实现多余物排出系统；如果无法排出系统，则只能退出射前流程。

（3）多余物进入产品。多余物进入产品，则可能影响产品正常工作，需要经过评估后，才能决定是否退出流程。

4 实战案例

2015 年某型火箭发射任务中，液氧加注系统各条加注管路在预冷、大流量加注、热液氧排放期间液氧流量均正常，进入射前补加工序后，芯一级和 4 个助推级液氧加注管路很快出现流量异常下降现象。

在刚进入工序时，加注罐气枕压力、管路调节阀开度按照工序设置。2min

后,芯一级和助推级管路流量开始明显下降,芯一级和助推的射前补加流量变化趋势图如图6-20和图6-21所示。

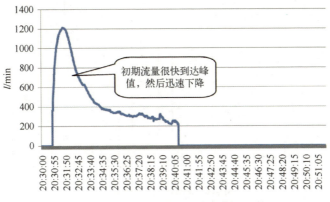

图6-20 芯一级射前补加流量变化趋势

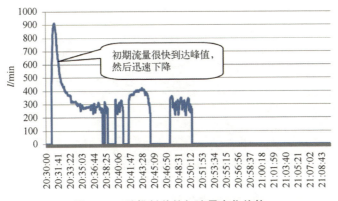

图6-21 助推射前补加流量变化趋势

系统组织讨论分析认为流量异常的情况有两种:一是有液体流动但没有流量显示;二是可能由于泄漏或堵塞而导致流量异常。建立故障树,如图6-22所示。

通过初步分析,排除了X1~X5这5种故障模式,系统认为补加流量异常问题主要是过滤器堵塞,最终导致射前补加流量异常。岗位人员根据系统管路结构,迅速组织故障应急处置。

先通过火箭贮箱液氧倒排反向冲刷液氧过滤器,再通过塔排阀1(液氧加注系统原理框图如图6-23所示)正向排放将堵塞物排出系统,处置结束后恢复正常过冷补加。按预案和规程及时处理,有效及时清除了塔上过滤器的多余物,使射前补加工作在发射窗口内完成,确保了窗口内的准时点火。

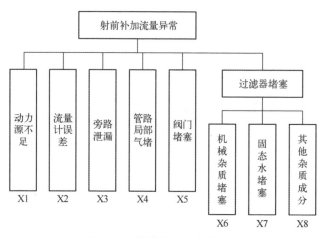

图 6-22 射前补加异常故障树

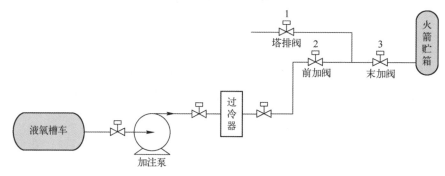

图 6-23 某液氧加注系统原理图

> 实战原则：制定的指标要严格遵守

本案例处置中，有多余物堵住了过滤器，必然有小的杂质进入贮箱，其影响无法估量。指挥部决策，既然定了过滤器指标，箭上就应该可以承受微小多余物，具备成功发射的条件。

第6节 摆杆故障

1 摆杆的作用

摆杆的主要功能是敷设与产品连接的各种气、液管路和电缆，支撑各种脱落插头和连接器。发射时当所有脱落插头和连接器脱落后，摆杆自动摆离运载火箭起飞飘移区外，保证运载火箭在塔区的飞行安全。图 6-24 为美国 SLS 火箭及其摆杆系统。

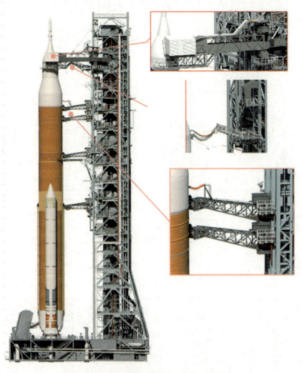

图 6-24　美国 SLS 火箭及其摆杆

摆杆系统的类型很多，根据其结构形式不同一般可分为固定式、转动式、下摆式、缩回式、上倾式等。摆杆主要由竖直杆、水平杆、传动机构、强脱机构、防回弹机构以及液压系统、电气系统组成。由于摆杆系统的工作性质和特点，要求摆杆驱动装置和控制设备灵活、安全、可靠，近距离操作与远距离监控相结合，便于维修、更换和调整。

根据工作原理，摆杆故障主要包括以下 3 类：

1）液压系统故障

摆杆液压系统是摆杆转动的动力源，主要由电动机、油泵、油缸、各种阀体和管路组成。液压系统一般采用冗余泵、冗余油路的方式，确保发射时的高可靠性，典型摆杆液压系统原理如图 6-25 所示。液压系统故障，将使摆杆系统丧失动力源，无法带动水平杆做摆开、摆回动作，主要有泵运行故障、电磁阀故障和管路泄漏故障等。

2）控制系统故障

由于发射时噪声、振动巨大，摆杆控制系统通常采用远程控制方式，一般

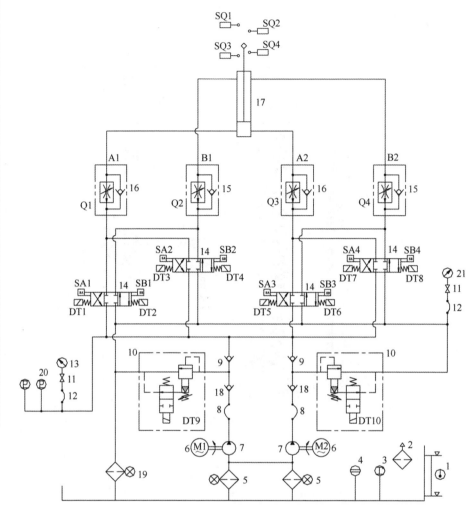

1—液位指示器；2—空气滤清器；3—电接点温度计；4—液位控制继电器；5—吸油过滤器；
6—防爆电机；7—齿轮泵；8—软管；9—单向阀；10—电磁溢流阀；11—压力表开关；
12—微型高压软管；13—压力表；14—电磁换向阀（配插头）；15、16—调速阀；
17—油缸；18—单向阀；19—回油过滤器；20—压力传感器；21—压力表。

图 6-25　某摆杆系统液压原理图

可分为程控、手动控制、应急摆开 3 种控制方式。控制系统故障一般为硬件故障、前后端通信故障、软件系统缺陷等，可能因控制系统故障，造成摆杆无法摆开。

3）机械系统故障

一般采用油缸带动齿条进行直线运动，齿条与齿轮啮合转换成圆周运动实现摆开，如图 6-26 所示。机械故障一般为齿轮齿条卡滞、轮齿断裂等。

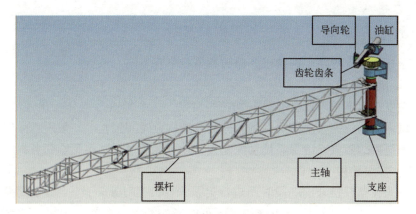

图 6-26 摆杆驱动机构

2 摆杆摆开故障的影响

1) 对火箭起飞安全的影响

摆杆摆开是运载火箭点火发射的必要条件,若摆杆无法摆开,或摆开角度不足,则可能由于距离火箭过近造成危险。

火箭在起飞的过程中,受各种干扰而引起的横向漂移距离称为起飞漂移量。对于一般火箭而言,火箭垂直起飞后不能横向碰撞的位置包括脐带塔、固定勤务塔和避雷塔,因此在相应高度的起飞漂移量应确保在安全距离之内。需要注意的是,火箭上不同位置的起飞漂移量是不同的,通常

$$横向漂移=质心横向移动+绕质心角运动引起的横移$$

因此,火箭的头部和尾部的起飞漂移量最大,特别需要关注尾部,由于有各系统脱拔的电缆及其支架、活动发射平台的箭体支撑臂等,若尾部起飞漂移量过大,则可能发生干涉和磕碰。

影响起飞漂移量的因素很多,主要有结构干扰、风干扰、发动机零位、姿态初值和机架变形等,其他因素如地球自转、浅层风、起飞前一时刻的箭体晃动等,都会对起飞漂移量产生一定影响。

根据计算结果分析,影响起飞漂移量的最大因素是结构干扰,而结构干扰中影响最大的是质心横移、推力线偏斜、助推器发动机推力不同步等因素。

2) 对摆杆系统自身的影响

摆开角度不够,由于距离火箭近,受火箭起飞尾焰影响,可能导致摆杆机械系统损坏。火箭起飞时喷焰热流、冲击和噪声等量级均较大,若摆杆过于靠近,则可能在火箭起飞过程中受到冲击损坏。射前决策中,主要还是考虑留足够的距离,不碰撞火箭。

3 摆杆摆开故障处置的一般原则和策略

摆杆故障处置在不同阶段其原则和策略略有不同。

1) 准备阶段

在发射日准备阶段,有设备加电、启泵、指令检查等操作,出现故障时,一般以恢复系统完整功能为目的,因此故障排查时间较长。一般进行故障初步定位、更换故障件,确保系统功能完整、设备性能可靠,不影响任务程序。

2) 启泵阶段

一般在摆杆摆开前一段时间进行启泵操作(如10min),此时距离摆杆摆开时间短,若程序暂停组织排故,则可能影响控制、测量、卫星、地面等程序,因此一般以备份手段确保摆杆摆开为目的,故障排查时间较短,确保射前程序继续进行。如摆杆启泵升压异常,则切断比例溢流阀,使用备份电磁溢流阀升压,正常则继续流程;否则使用备份泵升压,正常则继续流程。

3) 摆开阶段

由于测试、加注、摆杆摆开时间接近点火时间,因此故障应急处置时间较短,很难到前端进行干预,若处置措施无效,需退出发射程序。在启泵阶段已经确保了动力源可靠,因此一般以备份油路系统或者最简系统进行应急摆开。如摆杆无法正常摆开,则进行应急强摆,强摆时系统自动切换备份油路进行摆杆摆开。

4 实战案例

案例一

2004年,我国某型火箭发射任务时,控制系统下达摆杆摆开后,右摆杆摆开信号收到,但左摆杆摆开信号没有收到。

摆杆摆开是地面系统的最后一项工作,直接影响火箭的点火起飞,岗位人员见左摆杆未动作,按照最简系统保障的预案方式,点下"应急摆开"按钮实施远控摆开,系统接收远控摆开指令后,电磁换向阀动作,切断主油路,启动备份油路,摆杆实现匀速摆开,确保了火箭准时点火。

➢ 实战原则:以最简系统确保系统功能的有效性

案例二

2007年,我国某型火箭发射任务程序进入射前-2h,摆杆控制系统的上位机显示"控制电源故障",上位机、触摸屏界面变成灰色,所有数据显示为0。

岗位人员检查了工控机、PLC 的指示灯状态及通信链路连接情况,发现近控PLC1、PLC2 电源模块上 BAT1F 黄灯亮,BAF 红灯。根据准备阶段故障预案重新启动 PLC，仍为故障状态，退出系统断总电源后重启。为确保在窗口内准时发射，参与发射的其他系统程序继续，摆杆系统加紧故障排查工作。

再次断总电源，重新启动系统，重启后大约 10min PLC1 重启好，而 PLC2 仍然没有启动，此时已经进入-80min 程序。由于 PLC1、PLC2 互为备份，在一台 CPU 正常运行，一路光纤正常的情况下，可以保证摆杆正常工作。按照射前预案决策，以此状态参加后续流程，最后摆杆准时摆开，确保任务圆满成功。

任务后进一步检查发现，PLC 无法正常启动的原因是后备电池电量不足，当检测到 PLC 后备电池电量不足就不再继续执行 PLC 程序，任务后对该程序进行了修改。

➢ 实战原则：确保冗余备份手段的有效性

案例三

2008 年，我国某型火箭发射任务摆杆岗位人员正在做射前 8h 状态检查工作时，发现摆杆系统近控台主份直流稳压电源电压表及另一台直流稳压电源电压表显示均为 0V，异常，而备份电源电压值正常。

故障发生在状态检查阶段，离摆杆摆开还有一段时间，系统按照故障排查的一般程序立即组织人员进行排查。通过检查初步判断是由于稳压电源本身故障而导致近控台掉电。为保证任务顺利完成，岗位人员将原主份稳压电源更换，重新加电，进行摆杆模拟摆开摆回试验和油泵动态检查。通过故障处置，有效确保了任务的准时发射。

➢ 实战原则：进入低温加注前，由于不存在可逆性下降问题，不能失去冗余备份

第 7 节 工作平台故障

1 工作平台的作用

工作平台是发射塔架的重要构成，为工作人员近距离接触运载火箭的各子级和航天器进行工作提供了便利；为空调净化提供密闭的空间，供合罩、卫星测试；为卫星、整流罩、测试设备提供暂时存放的场所。图 6-27 为肯尼迪航天中心 39A 工位旋转平台结构，航天飞机退役后，该结构已废弃不用。此外，部分火箭在发射区采用无勤务塔模式，未设置工作平台（如大部分固体火箭）或仅设置简易工作平台（如"联盟"号火箭在拜科努尔发射场发射区的工作平台设置在桅杆上）。

图 6-27　肯尼迪航天中心的 39A 发射工位的旋转平台结构

航天发射场的工作平台根据火箭和航天器型号及发射塔结构等的不同要求，被设计成不同的结构形式，并设置相应的传动装置，常见的包括翻板平台（如图 6-28 所示）、回转平台、推拉平台等。一般翻板平台、推拉平台部署在回转平台上，翻板平台、推拉平台等撤收后，进行回转平台撤收。

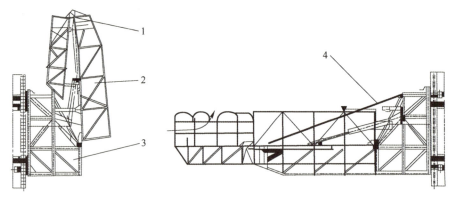

1—驱动装置；2—翻转段；3—固定段；4—拉索

图 6-28　折叠翻版式平台

使用时，两扇对称的结构合拢，组成围绕火箭和航天器的环绕式平台。不使用或发射前，用机械驱动装置或液压驱动装置把平台向两边旋转收回，并用锁紧机构锁住，使其与塔架主体结构连成一体。这种平台多用于固定式发射塔，平台的旋转角度一般为 180°。

工作平台主要由液压系统、控制系统和机械结构组成。

1）液压系统

液压系统是各类工作平台运动的动力源，主要由电动机、油泵、油缸、各种阀体和管路组成。液压系统内部件一般采用冗余设置，确保动作时的高可靠性。液压系统故障主要有泵运行故障、电磁阀故障、油温过高、管路泄漏和油缸卡滞等。

2）控制系统

受箭塔物理接口复杂性影响，固定塔、移动塔的撤收一般都是人员在现场进行处置，控制系统一般采用近端阀控箱操作。控制系统故障主要有硬件故障、通信故障、软件系统缺陷等，可能因控制系统故障，造成阀件无法动作。

3）机械结构

工作平台一般采用油缸、液压马达作为输入，由油缸带动齿条进行直线运动，齿条与齿轮啮合转换成圆周运动，实现平台撤收。机械故障一般为齿轮齿条卡滞、轮齿断裂等。

2 工作平台无法撤收的影响

工作平台无法撤收，运载火箭起飞飘移空间受限，直接影响任务发射。

3 工作平台撤收故障处置的一般原则和策略

工作平台无法撤收处置在不同阶段的原则和策略略有不同。

1）准备阶段

准备阶段一般以静态检查或者单点启泵等形式进行检查，此时距离火箭点火发射时间较长，一般对于受损设备进行立即更换，确保系统功能完备，不影响后续动作。

2）动作阶段

动作阶段故障处置原则主要是安全准时撤收。

一是确保产品、人员安全。如低温运载火箭工作平台打开前，火箭液氧贮箱排放口封闭，贮箱压力一直上升，如果工作平台无法打开，留下的故障处置时间仅有几分钟；此时需要根据问题大小，及时安排人员重新对接氧排管。

二是确保系统准时撤收，根据不同的故障模式，以最简系统进行故障应急。若控制系统故障，可采用手动启泵，手动控制换向阀方式实现液压系统工作；若液压系统泵、换向阀故障，有备份泵、备份油路，使用备份措施实现系统撤收；若是液压系统漏油、阀件损坏则进行更换后再进行动作保障；若单个台板不动作，则适当提高系统压力，进行伸缩动作；若是液压油缸故障则拆除油缸回油管。

4 实战案例

2017年，我国某发射场执行火箭发射时，进入射前-5h程序，此时箭上各系统射前状态检查已经完成，准备打开勤务塔回转平台。在程序执行打开操作时，发现东侧平台动作打开，西侧平台没有反应。

系统初步分析可能西侧换向阀存在故障，采取应急预案，按照先打开东侧回转平台，后通过回路切换阀门组切换油路状态（如图6-29所示），通过东侧液压油路打开西侧回转平台。经过油路切换，最终采用东侧液压油路打开了西侧平台，火箭准时点火起飞。

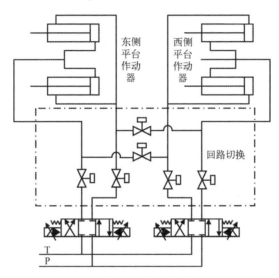

图6-29 平台液压系统回路切换阀门组示意

任务后，对故障分析发现西侧电磁换向阀的比例放大板损坏，造成打开动作失效，可见动作路设置备份冗余的重要性。

第8节 箭体垂直度调整异常

1 垂直度调整的概念

垂直度调整是火箭初始对准工作的一部分，用以满足火箭姿态和精度控制要求。主要有三个目的：一是调整支承臂以均匀支撑火箭，避免火箭结构受损；二是保证惯性测量组合与一级火箭发动机推力线的综合垂直度，以确保火箭的起飞稳定性；三是调整一级火箭发动机推力线，使之在发射时尽可能与发射工位地垂线重合，减少火箭推力在水平方向的分力，减小火箭起飞段的横向漂移量，避免火箭与发射塔架相撞。

箭体垂直度调整是根据箭上测量仪器（如惯组、水平测量仪）等反馈的箭体垂直度，通过调整支撑在火箭底部的发射台相关组件（如支承臂）来实现。图 6-30 所示是某型运载火箭垂直度调整系统框图，可以看出垂直度调整系统由垂直度监测系统和调整动作系统两部分构成，箭体的支撑部件就是垂直度调整的动作部件，一般由液压系统、控制系统、机械结构组成。

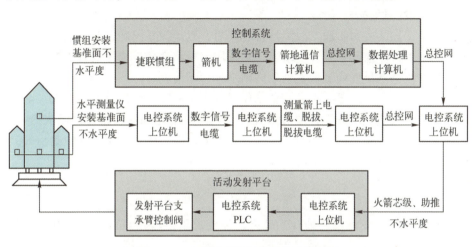

图 6-30　火箭垂直度调整典型系统框图

垂直度调整主要受到制导系统采用的惯性器件以及姿态控制技术发展的制约，随着相关技术的不断发展，例如具有自调平惯性功能平台的采用、火箭支撑方式的改进等，使得垂直度调整的角色和作用发生变化，目前中国运载火箭在发射前均需要进行箭体垂直度调整，而国外火箭在射前则不进行垂直度调整动作。

如"大力神""宇宙神""德尔它"火箭均通过偏航操纵方式调整火箭与塔架距离，避免因疾风和发动机故障使火箭与塔架碰撞；离塔后通过俯仰和滚动控制，以获得适当的飞行姿态和飞行方向。

2　垂直度未调整好的影响

火箭垂直度未调整好，即调整不到位可能导致火箭推力在水平方向的分力偏大，增大了火箭起飞段的横向漂移量，造成火箭起飞过程安全隐患，同时塔架受损量增大。

3　垂直度未调整好故障处置的一般原则和策略

垂直度未调整好一般按照以下原则进行处置：

1) 火箭测试阶段

故障发生在测试阶段，故障处置时间充裕，此时以保系统完整性为目的，出现设备故障，则更换冗余备份设备继续进行垂直度监测。如箭体内安装的水平测量仪、变送器等故障，则人员进舱，更换受损故障器件。

2) 加注发射阶段

发生在加注发射阶段，故障处置时间短，以最简系统确保准时点火发射。

一是垂直度监测系统发生故障，则采用惯性器件数据作为最后依据。如果惯性器件数据满足射前最低发射条件则不进行动作调整。

二是垂直度不满足要求，调整动作部件发生故障，则按照控制系统、液压系统、机械系统三个方面开展故障处置，这与本书写到的工作平台无法撤收、摆杆无法打开处置类似。如某一支承臂发生故障时，则按照调整其他支承臂升降以实现垂直度调整。

4　实战案例

2020年，某发射场在进行某型火箭加注发射阶段垂直度监测。发现计算机右下角网络连接图标提示"从网络连接断开"，计算机显示垂调数据无变化。岗位人员打开网络连接界面检查，刷新后连接正常，10min后网络连接再次断开，并且无法再次连接。垂调测试计算机与交换机主机连接如图6-31所示。

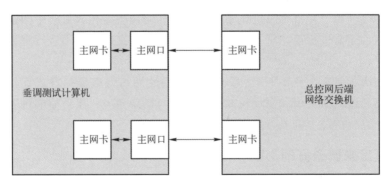

图6-31　垂调测试计算机与交换机主从机连接示意图

系统复盘历次任务数据，认为低温推进剂已加注，箭体变形稳定，故障前水平测量仪监测数据表明箭体垂直度满足火箭点火要求，后续以惯组数据作为参考即可，按照预案处置要求，在主网口正常情况下完成发射日垂直监测。

➢ 实战原则：冗余手段多样性很重要

 参考文献

[1] 徐克俊，等. 航天发射场可靠性安全性评估与分析技术［M］. 北京：国防工业出版社，2006.
[2] 万全，王东锋，等. 航天发射场总体设计［M］. 北京：北京理工大学出版社，2015.
[3] 钟文安，张俊新. 航天测试发射原理［M］. 北京：国防工业出版社，2020.
[4] 蒋俭，等. 火箭推进剂监测防护与污染治理［M］. 长沙：国防科技大学出版社，1993.

第 7 章

气象环境要素处置策略

航天发射各大系统所处的气象环境系统对于发射任务有着决定性的影响，这不难理解。对于陆基发射场式的航天发射任务，发射场及其周边一定范围内的气象环境条件，均有明确的最低发射条件标准。如雷电、浅层风、高空风等，均有指标，超过一定限值，则不能执行点火发射；而遭遇台风，发射场测试发射工作需暂停，需视情况开展防护和逆流程工作。

对于海基发射、空基发射，则所需要关注的气象要素相应不同。对于任务必保的其他支持系统，如测控系统，还需要确保测控设备的气象条件，如测控站的风速、能见度，测量船的海况等。

随着对环境气象要素的认识不断加深，气象预报技术水平和能力的不断提高，相关指标测量精度和预报准确度日益提升，应对环境气象要素的准时发射策略针对性也不断增强。

第1节　降水与雷电

1　强降水和雷电对测试发射的影响

无论在发射区是否设置功能完备的勤务塔，运载火箭的临近点火发射时段，仍是暴露在外界环境中的，因此降水天气可能造成运载火箭雨淋而受潮，对箭上电气产品产生不利影响，导致漏电等。

特别是低温液体运载火箭，相关防雨防潮措施更为重要。即使不是下雨情况，低温推进剂加注后，由于箭体贮箱周围低温环境，空气中的水汽持续在箭体表面和内壁结露，结露集结成股留下，"满身大汗"的运载火箭对电气系统的防雨防潮性能是极大的考验。

随着技术进步和认识的不断深入，运载火箭防雨防潮手段不断增强，箭上电气系统防漏电设计和工艺多样，通过产品密封工艺和涂防潮胶等措施，运载火箭"抗雨"能力日益增强。因此，对于降雨的防雨在手段上相对多样。目前，大部分运载火箭已支持在中雨中发射。相应的放行准则也较为明确，如降雨量不大于 2mm/h。

但降雨通常伴随雷电，当大气中某些部分，如积雨云的电荷及相应的电场强度大到足以使空气击穿时，即产生雷电[1]。云中的冰晶、水滴都可能带电，在发展旺盛的对流云中，由于对流活动加强，冰晶、水滴的碰撞和分裂导致云中电荷被分离，通常是正电荷随小水滴上升，负电荷随冰晶、大水滴下降，这样在云中的不同部位、不同层面之间的电位梯度不断被加大，如图7-1所示。

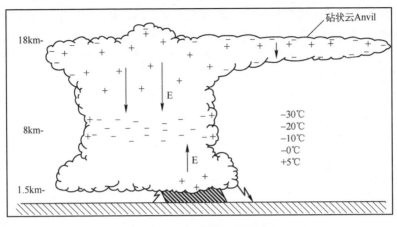

图 7-1 云层电荷分布示意

电荷积累到一定程度，大气中电场强度（也就是大气电位梯度）甚至可能达到 $10^6 V/m$ 量级。据研究，在云中及云体附近的电场强度达到 $3×10^5 V/m$ 时，足以把云内外的大气层击穿，很可能发生空气介质被击穿的现象。考虑到空气介质中水汽等物质的存在，击穿场强下降为约 $1×10^5 V/m$，更易发生空气被击穿现象，导致雷电现象的发生[2]。

运载火箭电气系统易受变化的电磁场影响，其元器件工作电压不高，且智能单机抵御雷击的能力较弱；飞行过程中，火箭和喷焰均为良导体，等效导体长度达 100~200m，易受雷击。以下重点说明雷电防护及其放行准则。

2 雷电的防护

运载火箭在测试发射和飞行过程中都惧怕雷电。火箭应对雷电一般采取"躲、防、抗"的三字诀：能躲尽量躲避，选择无雷电时刻发射；采用避雷塔等防止雷电直击火箭；箭体结构采用抗雷设计。

在设计上，运载火箭防雷主要有四大措施，即屏蔽、搭接、接地和等电位。

屏蔽，指通过绝缘的方式防止雷电经过火箭或电气设备。箭上电缆网及摆杆上的电缆均使用屏蔽层，有防雷的作用。

搭接，指使整个火箭尽量成为一个整体，整体电阻小，在大电流通过时，热效应不明显。电流会自动寻找最优放电路径通过，因此将火箭整体搭接良好成为"良导体"，可以避免造成损坏。火箭在级间段、分离面等处都进行了良好的搭接设置。脐带电缆和摆杆上的电缆可能存在与箭体搭接不好的情况，属于防雷电的薄弱环节。飞机是整体搭接的典型代表，全球每年许多航班遭到雷击，但因此造成的飞机事故很少，这得益于良好的搭接。

接地，是将整个箭体与大地连接，确保大电流通过时能够有效泄放。

等电位，由于火箭整体较长，因此在不同部段设置等电位点，使整个箭体表面尽量处于等电位面，更有利于电流泄放。

另外，在火箭的尾翼上，一般设置有静电释放器，便于释放箭体静电荷。大电流通过避雷塔或勤务塔时，会产生交变电磁场，对火箭会产生瞬间强雷击影响。因此，需要避免在火箭较近的地方泄放大电流。

3 雷电的放行准则

1969年11月19日，NASA使用"土星"5号运载火箭从美国佛罗里达州肯尼迪航天中心发射"阿波罗"12号载人飞船过程中，宇航员乘坐的飞船在20s内两次被雷击中，飞船上很多系统失灵，经过排故，任务继续。而这次任务发射前后6h内无雷电，距离地面240~250m及650~33000m之间有两层云，仅在火箭飞行过程中遭到雷击。至今火箭飞行过程中雷电的预测（发射过程中放行准则的制定）与防控仍是难题。

NASA"兰利"研究中心的风暴危害计划（SHP）中，对与闪电有关的问题做了很多深入的工作，通过近1500次穿云飞行试验，形成主要结论如下：

（1）直击雷概率（PDS）和闪电频数间的反相关关系，即较高的PDS值出现在每分钟0~10次闪电风暴区，而不对应于每分钟10次及以上的闪电数区。也就是说，最大触发雷击危险可能在有较低自然闪电频数的雷暴区。

（2）大气电学研究指出闪电和电荷的形成是环境温度而不是高度的函数。因此，不能用高度资料来决定雷击概率最大和最小的最佳高度。在SHP中雷击曾出现于差不多所有的温度和所有的高度上。这一点说明事实上并不存在这样一个高度或温度，使飞机处于雷暴中而不遭雷击。

（3）虽然事实上几乎所有的雷击都出现在云雨中或它的附近，但只有极少数雷击出现在强降雨或冰雹中。雷暴研究资料和商业及军用飞机的飞行资料说明，飞机的直击雷数目与气流扰动和降水强度间没有正相关。

NASA根据诸如此类研究结果，修改并完善了针对雷电的火箭升空放行准则。

（1）除非产生闪电的气象条件已移出发射场或计划飞行路线10n mile（1n mile≈1.852km）以外，不然在发射场或计划飞行路线的10n mile内，在发射前的30min内测到有闪电不允许进行发射。

（2）如果计划飞行路线将把飞行器带到下述条件中，如图7-2所示，则不允许发射：①经过云顶高于5℃温度层的积云；②经过云顶高于-10℃温度层的积云或在其 5n mile 的范围内；③经过云顶高于-20℃温度层的积云或在其 10n mile 的范围内；④经过任何积雨云或雷暴云，包括其连带的云砧或与其最近边缘不大于 10n mile 时。

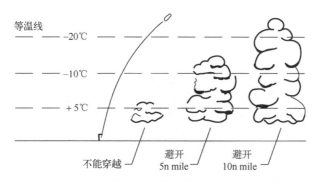

图 7-2　避开积雨云准则

（3）对于配有地面场磨网络的发射场，在发射前 15min 内地面电场绝对值的一分钟平均值，如果在发射点的 5n mile 范围内超过 1kV/m 则不发射，除非：①在发射点 10n mile 内无云；②不正常读数显然是由烟或地面雾引起。

（4）如果计划飞行路线通过一个有 1.4km 厚度或更厚的连续云层，并且这种云有一部分位于 0℃到-20℃的温度层间，如图 7-3 所示，则不能发射。

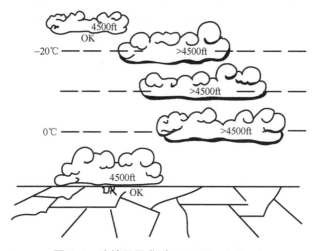

图 7-3　连续云层准则（4500ft≈1.4km）

（5）如果计划飞行路线通过任何伸展到 0℃温度层及以上的云，并且这些云又与飞行路线 5n mile 内的扰动天气相关，则不能发射。扰动天气（图 7-4）为产生中等或更大降水的气象现象。

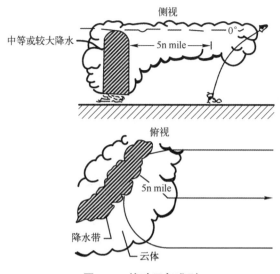

图 7-4 扰动天气准则

（6）要通过雷暴破碎云或要通过离它 5n mile 而又没有场磨网络监测或存在产生不小于 10dB 雷达回波的云层时，不能发射。破碎云指的是在发射前 3h 内从母体积雨云中分离出来的任何不同于薄纤维云的云层。

NASA 的这些雷电放行准则相对较为繁复，指向多条判定准则，是有其不足的：一方面，在执行层面导致触发准则概率提高，使得美国的火箭发射经常性地由于雷电准则而推迟，发射推迟造成投入增加，且对发射场和运载火箭的可靠性要求更高；另一方面，在管理层面，繁复的条款也造成其发射管理人员对个别条款认识不同，时有违反其放行准则的决策发生。

我国运载火箭现行雷电放行准则将一些约束进行简化，概括仍以大气电场强度为主要标准，对发射前后时间范围和空间区域进行界定，并增加加注发射前的气象会商次数，以避免恶劣天气下进行发射。以文昌航天发射场的一般雷电放行条件为例：①发射区地面大气电场≤2kV/m；②空中大气电场≤10kV/m；③发射工位 10km 范围内，发射前-40min 至发射后 30min 时段内无雷电。

4 实战案例

1987 年 3 月 26 日，美国"宇宙神"火箭在卡纳维拉尔角发射场 36 号发射区发射一颗海洋军用通信卫星，发射前 16min，发射场下起大雨，为此发射推迟了 14min，以等待天气好转。

气象观察发现，当时云层较低，高度约 800m，倒计时-14min 时，发射场 28km 处发生一次雷电，发射台周围的 21 个点一起测量数据表明大气电场强度较高，离发射台最近的3个测量设备测得电场强度至少为4640V/m，另一个距离发射台稍远的测量设备甚至测得电场强度为8000V/m，其电场强度超过了当时允许发射标准的4~8倍，云层厚度也超过了NASA规定的发射标准，即飞行器发射时不能通过厚度达1800m且有结冰的云层。但这些气象报告并未受到发射管理人员的足够重视，火箭仍点火升空。

火箭起飞后不到1min，在距离发射台1.9km上空遭到4次雷击。雷击引起的电压浪涌改变了计算机状态，电流经过贮箱外部导线传递至箭载计算机，进入单元线路，使其发出错误的调节信号，一级发动机异常调节，火箭倾角过大，动态负载增大，使火箭飞行48.3s后迅速转弯翻滚失控，为避免撞击居民区，发射场安全官员不得不执行火箭自毁指令。

这次发射损失"宇宙神-半人马座"运载火箭，价值约7800万美元，损失海军通信卫星，价值约8300万美元。

此次事故详细调查后，提出了一系列的针对性改进措施，包括：

（1）修订了发射气象小组的职责，不是只提供数据给管理人员分析，而是做出放行或不放行的气象决定，而且必须服从；

（2）对管理人员进行关键技术训练；

（3）修改发射用气象准则，以此为契机，推动NASA改进1970年以来沿用了十多年的气象准则；

（4）建议使用气象飞机进行气象测量，以确保测量的准确性[3]。

➤ 实战原则：指挥人员对放行条件的认识须统一

2011年，我国某型火箭任务，原发射计划瞄准5:30发射。但射前程序液氢加注后，天气突变，发射场高空引导气流发生逆转，造成雷电交加，暴雨如注。

此时，箭上已经低温加注，程序可逆性大幅降低，且可推迟发射时间有限。

现场立即启动应急预案，气象系统立即加强探测和分析，加密预报频率。火箭系统弹道设计与总体人员确认最低发射条件，射向角度与一定张角范围内，高度10km范围内，路径左右一定宽度范围内，不得有雷电现象。气象系统在射前-10min预报结论，认为5:35~5:45之间天气状态将满足发射条件。

主要依据是根据探测数据，厂区上空强对流已向西方向移动，场区周围电场强度自-5h程序后不断降低，已满足最低发射条件，各向测试云层回波均有所减弱。

据此，现场指挥决策程序继续。最终火箭于5:44成功发射。

> **实战原则：不带风险决策**

不带风险决策是航天发射的重要原则，但有时候发射可靠性与飞行可靠性之间存在矛盾，液氢加注后退出程序带来重大风险，虽然气象因素满足最低发射条件，但这么窄窗口有可能对飞行产生影响，两害取其轻，决定窗口内发射。

火箭升空后约 2min，发射场区范围又出现雷雨天气，雷暴一直持续到当日 8:15 才结束，暴雨则下至 9:18 才结束。火箭在两次雷暴时段间隙点火升空，任务取得成功。

第 2 节 浅 层 风

1 浅层风对火箭的影响

浅层风，指地面至火箭箭体垂直状态高度，并考虑一定余量的地面风。对不同的运载火箭，由于箭体和发射平台高度不同，其关注的浅层风高度也有所不同。通常大中型液体运载火箭关注的浅层风，为 100m 高度范围内的风速。根据工程应用需要，该范围内的风速被分层测量，并根据火箭缩比风洞试验的结果，确定最为关注的高度，通常为火箭风压中心位置高度的平均风速和振动因子。

由于浅层风关注距地面高度 100m 左右范围内的风，因此与当地的气候特征和地形有较为密切的关系。一般而言，浅层风随高度变化呈一定的线性关系，即随着高度增加而增加，如图 7-5 所示。

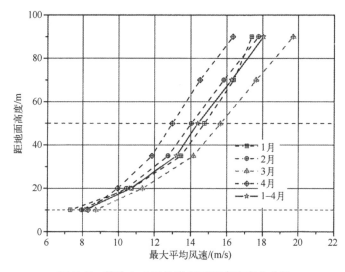

图 7-5　某地 1-4 月份浅层风随高度变化曲线

一般浅层风对竖立状态火箭的影响主要有三个方面：

（1）倾倒风险。随风速增加，作用于火箭的合力矢量投影超出火箭支撑面投影时，火箭将发生倾倒，如图 7-6 所示。火箭竖直状态最大风载按下式计算

$$Z = C_z \frac{\rho v_{\max}^2}{2} S$$

式中：C_z 为气流绕过箭体的合力系数；ρ 为空气密度；S 为火箭纵截面面积；$v_{\max}$ 为最大允许风速。

则火箭的翻转力矩为

$$M_z = ZL$$

其中：L 为压心至支点的纵向距离。

所谓风压中心，就是风载荷作用在箭体上的等效力合力的作用中心，与箭体的结构形状有关。火箭重力抗翻倒力矩为 $M_0 = mgb$。不发生翻倒的条件是 $M_0 > M_z$。

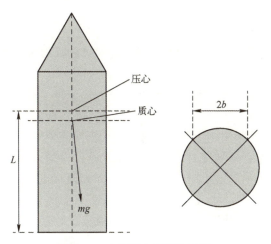

图 7-6　火箭竖立稳定性示意

（2）火箭尾段弯矩过大。火箭所受浅层风载荷作用在箭体尾段（芯级或助推）时，弯矩过大可能造成结构损坏。火箭越重，尾段受到的弯矩越大。因此火箭在加注后开塔，相较于火箭空箱状态的垂直转运，对浅层风的要求更为严格。

事实上，除了尾段弯矩，受浅层风影响，箭体总体结构各部载荷，如助推捆绑支点受力载荷，箭体尾部对支承臂载荷等，均有所变化。相关载荷在火箭飞行和测试过程中，均提出了较高的设计裕度，因此浅层风虽有影响，但通常

都在允许范围内。

（3）起飞漂移量过大。火箭起飞时，由于质心偏移、发动机喷管初始角度误差以及风的影响等，造成火箭偏离垂直位置的现象称为起飞漂移。浅层风对起飞漂移量的影响集中体现在刚起飞的过程中。此时，脱拔等电缆和固定装置离火箭的尾翼或喷管较近，因此特别需要注意起飞漂移量，避免产生磕碰。

火箭起飞时，初始飞行速度很小，飞行攻角大；受横向流动的黏性效应，箭体绕流出现分离，形成排列对称、方向相反的漩涡。随着攻角增大，分离点前移，涡流强度增大，当攻角达到50°左右时，漩涡周期性脱离箭体引起激烈侧向振动，随后侧向力逐渐减小；因此起飞初期，浅层风对箭体的影响较大。

2　浅层风的防护与放行准则

不同的航天发射场，由于其地理位置不同，特别是局地地形、植被和建筑物等影响，浅层风场差异较大。对于较为开阔地形的内陆发射场，其浅层风速随高度增加，基本呈线性增大趋势。而对于滨海发射场，特别是地面植被较多，或有山地地形和其他高大建筑物时，发射场的浅层风风速和风向随高度变化规律则不明显。

同时，浅层风受气候类型、月记和日记气候变化、局地天气变化等综合影响。因此，发射场通常建有浅层风测量装置，以实地测量场区不同高度的风速、风向等数据积累，构建属于本发射场的浅层风模型。

各类运载火箭地面测试时均采取抗风载设计，防风拉杆是常用的火箭防风载荷设计，位于火箭支点上，采用螺栓将火箭固定在支点上，如图7-7所示。

除此之外，在火箭转运过程中，增加防风减载装置，也能有效降低浅层风对火箭的影响。如美国"土星"5号火箭，垂直转运时就在逃逸塔旁设置防风减载装置[5]，如图7-8所示。

然而在运载火箭射前，无论是防风拉杆还是其他防风减载装置均被拆除，加注后的运载火箭由于自身重量矗立在发射台上，此时浅层风对火箭尾段弯矩影响较大。

运载火箭测试发射的关键时段，如垂直转运和点火发射，均要求对浅层风进行精确预报。若浅层风速和阵风因子等超过指标要求，则需采取一定的保护措施，或将任务计划推迟，等待浅层风符合条件再次组织发射。

图 7-7 防风拉杆

图 7-8 "土星"5 垂直转运过程火箭顶部视图

3 实战案例

2020 年,某发射场执行任务,上午计划进行火箭垂直转运,即将火箭通过活动发射平台转运至发射区,开展后续测试。

针对垂直转运这一关键过程,发射场组织对气象情况进行专题会商,根据预报结果,如图 7-9 所示,地面浅层风不满足箭体垂直转运要求,且之后浅层风有增大趋势。现场决策将垂直转运推迟 1 天执行。

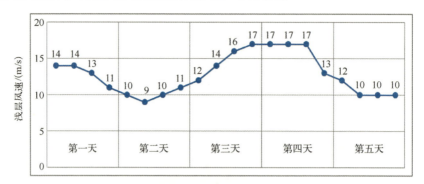

图 7-9 某任务期间浅层风预报结果（50m 高度）

第 3 节 高 空 风

1 高空风对火箭的影响

高空风广义上指近地面层以上的空气流动。对于运载火箭测试发射而言，通常关注 1000m 以上，高度可达 20000m 范围的高空风参数。高空风对火箭的影响主要体现为合成风攻角，合成风攻角过大，火箭箭体承受的风载荷大，可能导致飞行失控、甚至解体。飞行器速度接近空气中声音速度时，会出现阻力剧增，气流紊乱的现象称为音障。

早期，人们曾以为声速是飞机速度不可逾越的障碍，因此称为音障。跨越音障的过程中，火箭气动压力达到最大值，即国外火箭发射直播过程中称为 MaxQ 的时段。此时，火箭横截面急剧变化的部位，如收缩段、锥形头等，会出现气流分离，激波振荡和激波边界层干扰而产生压力脉动，引起火箭抖振和严重的噪声环境，其中激波-边界层干扰最为严重，对筒体结构的考验大。对于运载火箭来说，大头火箭（整流罩直径大于芯级）更需要注重应对这些不良影响。

攻角和侧滑角，用以表示箭体与大气相对运动关系，以速度系与箭体系之间的关系定义。攻角 α 是火箭速度在主对称面投影与火箭纵轴的夹角，或描述为速度矢量 V 在纵向对称平面上的投影与 OX_1 的夹角，上为正。侧滑角 β 是速度轴与弹体主对称面 X_1OY_1 的夹角，右方为正，如图 7-10 所示。

攻角越大，火箭受到的风侧向力越大，火箭飞行阻力越大，且存在弯折的风险。头迎着风飞，攻角小，阻力小，箭体结构更加安全。

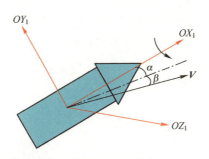

图 7-10 侧滑角 β 和攻角 α 示意

将空气作用力沿火箭的速度系坐标轴展开，X 负向称为阻力，Y 向称为升力，Z 向称为侧向力，如图 7-11 所示。

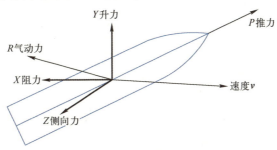

图 7-11 气动力

根据伯努利方程，空气动压 $q = \frac{1}{2}\rho v^2$，因此各向气动力可表示为 $F = qS$，因此气动力大小与动压头和火箭特征面积成正比，即

$$\begin{cases} X = -C_x qS \\ Y = C_y qS \\ Z = C_z qS \end{cases}$$

式中：$q = \frac{1}{2}\rho v^2$ 称为动压头，也称速度头；ρ 为空气密度；S 为火箭特征截面积，也称最大截面积，是火箭沿作用力方向的最大截面积；C 为无量纲系数，三个方向分别称为阻力系数、升力系数、侧向力系数[6]。

高空风载荷由下式计算

$$M = C_n q \times \alpha \times S_m \times L$$

式中：C_n 为法向力系数导数；S_m 为空气动力特征面积；L 为空气动力作用点到质心的距离，及压心到质心的距离。高空风攻角载荷与 $q\alpha$ 值正相关，同样，高空风侧滑角载荷与 $q\beta$ 值正相关，由于火箭保持在射面内飞行，因此 $q\beta$ 值一般较小，所以一般关注 $q\alpha$ 值，即动压头与攻角的乘积。

高空风补偿，是通过攻角控制，尽可能使火箭纵轴指向火箭相对地球大气运动速度方向，使火箭纵轴与火箭相对地球大气运动速度方向之间的夹角（气流攻角）减小，从而减少大风区的风载荷，其原理与我们遇到大风时将伞迎向风倾斜是一个道理，如图7-12所示。

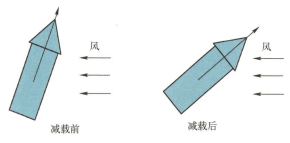

图 7-12 攻角控制原理

从补偿方式方法上，高空风补偿分为被动减载和主动减载两种。

被动减载，就是依赖风场预报情况，设计相应的程序弹道，即补偿弹道。在射前就采用补偿弹道，火箭飞行时按补偿弹道飞行。适用于风场较为稳定的情况，不需要增加箭上设备，不影响姿态稳定，但被动减载灵活性不强。被动减载一般手段是预置附加攻角。

主动减载，就是在飞行过程中，利用捷联加速度测量装置和惯组获得视加速度信息，进行加速度信息冗余，通过对加速度信息的校正处理实现卸载控制。实时测量火箭所受载荷大小，通过反馈拉低攻角来减小载荷，适应性更强。当火箭在大风区飞行时，q 较大，通过控制合成攻角，可以有效减小作用在箭体上的气动载荷，从而达到卸载的目的；当火箭飞出稠密大气层后，气动力矩的作用迅速下降，即可切除卸载控制。相对而言，主动减载更为灵活。

从补偿通道选择上，高空风补偿又可分为单向风修正和双向风修正（表7-1）。当任务射向和风场风向近似共面时，气动载荷主要在俯仰平面产生，这种情况下优先考虑修正俯仰程序角，即单向风修正方案。当任务射向和高空风风向夹角较大时，则采用双向风修正，例如我国 CZ-3 甲系列 IGSO 任务、各类 SSO 任务、CZ-7 货运飞船任务均采用双向风修正方案。

表 7-1 单向风修正与双向风修正的比较

对 比 项	单向风修正	双向风修正
风修正通道	修正俯仰程序角	修正俯仰和偏航程序角
适应任务剖面	发射射向与高空风向近似共面	发射射向与高空风共面较差
型号应用情况	各类东射向或近东射向任务	各类东南射向、南射向任务

需要说明的是,高空风对运载火箭的影响,包括高空风速、风向和风切变。风速和风向好理解,风切变指水平风速随高度变化而变化的现象,将随着高度增加风速剧烈变化的高空风称为切变风,也称为风剪。

大多数运载火箭,其高空风载荷影响最大的部位是整流罩的前锥段和倒锥段,如图7-13所示。

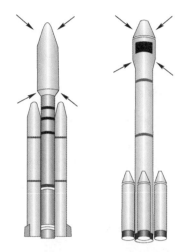

图7-13 高空风载荷影响最大部位示意

在发射前,需要对高空风进行实时测量和预报,根据高空风具体情况,决定使用何种高空风补方式;经过风补偿后,$q\alpha$值在一定范围内,火箭才能发射。

$q\alpha$值在评估时,需要重点关注以下因素:

1) 结构载荷限制

即从运载火箭结构总体的角度,在设计时,考虑承受风载荷的$q\alpha$值大小。在设计运载火箭时,飞行载荷是根据统计的最大高空风来确定的。

火箭的设计能保证火箭各系统和结构强度能承受飞行中的最大高空风引起的气流攻角的环境[7]。火箭结构强度设计,是应对高空风载荷的基础,需综合考虑结构强度、载荷设计、弹性变形控制、姿态稳定、高空风静动载荷及贮箱内外压力载荷等。如增加强度,则引起结构重量增加,从而降低运载能力,因此火箭飞行载荷设计时必须统筹考虑,有所权衡。

2) 姿控偏差

在火箭正常控制及受到扰动作用时,火箭不可能总处于力矩平衡状态,有一个过渡过程,产生附加的作用力。这就是姿控系统所带来的附加载荷。此部分载荷所引起的$q\alpha$值和风切变密切相关,也和姿控系统的系数相关。在火箭的不同飞行段，因姿控造成的 $q\alpha$ 值偏差不同。

3）测风误差

我们目前的测风手段存在一些测风误差，它包括处理误差、方法误差等。在变天时风切变大，测风误差大；平时风切变小，测风误差也小。测风误差是随机的。

考虑到测得风速及切变数据与实际火箭飞行过程中的数据还存在延时误差，而时间滞后过程中风的变化由历史经验数据预估得到，因此测风误差可能更大。在具体决策 $q\alpha$ 值的接受值时，需要综合考虑以上因素。

2　高空风的射前观测与评估

为更加精确地进行运载火箭高空风补偿，高空风弹道修正相关工作通常在任务开始前就开始，主要任务包括对航天发射场区域高空风观测资料的收集，确定用于弹道设计的预选高空风，并根据预选结果开展弹道设计。

而在射前的一段时间内，更需要按照加密测量和评估的工作程序，对高空风进行射前观测与评估，在关键节点进行决策，以某中型液体运载火箭射前高空风评估方案（图7-14）为例展开说明。

1）提前1天评估

根据射前1天的高空风预报，开展高空风补诸元的设计，并进行导弹分析与验证，若结果满足运载火箭总体要求，则决策进入发射日流程，否则不进入发射日流程。

2）发射日流程前评估

进入发射日流程前，开展发射日的第一次高空风测量，根据测量结果对窗口高空风进行预报，根据预报结果，使用主份诸元验证结果是否满足火箭总体要求。若满足，则程序继续，主份诸元传递给控制系统；若不满足，则暂停煤油加注工作。

3）发射日程序中期评估

在发射日程序中期，开展发射日的第二次高空风测量，并进行评估，设计高空风补备份诸元，并进行仿真验证。若仿真验证的结果符合要求，则程序继续，若不符合要求，则暂停进入后续加注流程。

4）临射评估

临近发射时刻，在上传飞行程序的诸元前，开展发射日第三次高空风测量，完成最后一次放行评估。使用主备诸元进行评估验证，视主备诸元的验证情况出具飞行诸元更改通知单。若主份诸元满足放行条件，则不出具单据，只上报评估结果；若主份不满足，则更改为备份诸元。若均不满足，则不得发射。

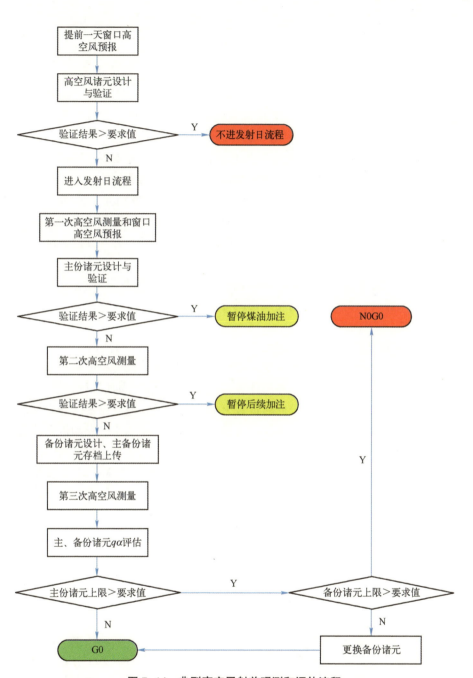

图 7-14 典型高空风射前观测和评估流程

3 实战案例

案例一

2016年3月1日,美国SpaceX公司使用"猎鹰"9号运载火箭发射卢森堡通信卫星SES9,由于高空风切变过大而推迟。而在此次推迟之前,该任务已经经过了数次推迟。

2月16日,该任务执行至离点火还有1min41s时中止发射。

2月24日,由于大风和龙卷风暴影响,决定推迟发射。

2月29日,在发射倒计时过程中,一艘船闯入了发射禁区水域,发射被迫暂停。在该船驶离相关区域后,发射倒计时恢复,但因为等待时间过久,液氧升温,造成点火推力降低触发报警,紧急关机取消了当天的发射尝试。

3月1日,由于高空风再次推迟。

最终,火箭于美东3月4日下午6:35发射成功,回收失败。

➢ 实战原则:高度重视高空风的测量和预报

案例二

2020年某型火箭发射任务中,射前程序执行至煤油加注后,按照高空风控制要求,发射场气象系统测量实时高空风,弹道设计人员根据实测高空风参数,检验是否满足弹道要求。经过计算,高空风$q\alpha$值不满足放行要求。

现场决策推迟发射。由于此时运载火箭仅加注了煤油推进剂,并未加注液氧和液氢推进剂,系统开展推迟发射对运载能力、箭体结构、发动机系统等的影响分析。

经过分析表明,对运载能力、箭体结构和发动机的影响均在可接受范围内,但考虑到已经加注到终值液位的煤油,在停放过程中会产生温升体积膨胀,从而使芯一级的贮箱气枕可能不满足系统要求。根据推进剂停放过程的预测计算,系统认为将煤油泄回至I液位以下,可以满足要求,并在再次进入加注发射程序时,再次加注,可以满足任务要求。

因此决策推迟48h发射,并将煤油泄回至I液位以下。

2日后任务再次进入射前程序,第二次尝试加注发射,运载火箭准时点火,任务取得成功。

此次任务后,系统进一步开展了运载火箭弹道风修方案的调整,以争取扩展放行概率。

➢ 实战原则:气象满足最低发射条件是进入低温加注的决策条件

第4节 台　风

1 台风的概念和生成机理

按照气象组织定义，对于赤道以北，日界线以西区域，热带气旋中心持续风速达到12级（32.7m/s）以上时，称为台风。

生成于热带或副热带洋面上，具有有组织的对流和确定的气旋性环流的非锋面性涡旋统称热带气旋（tropical cyclone），包括热带低压、热带风暴、强热带风暴、台风、强台风和超强台风六个等级。也可以这样理解，热带气旋即台风形成的初期，有些热带气旋将逐步发展，最终增强成为台风。

台风的成因是暖性洋面的气流扰动，在足够广阔的热带洋面，海水温度高于26.5℃，且在60m深的一层海水中，水温都超过26.5℃，这种条件下，预先形成一个较弱的热带气旋，同时需要有足够大的地转偏向力（科氏力）。因此台风发生地点纬度一般距离赤道5°以外的地方，并且要求形成区域弱低压的上方，高低空之间风速和风向差别较小，整个对流层风的垂直切变要小，有利于空气柱运动一致，热量积聚，从而逐步加强，当热带气旋强度增大到门限值时，就是台风。

以上只是气象学分析上，认识较为一致的台风成因，但具体某个台风的形成，原因复杂，难以事先预见，这也给台风的预报造成了很大困难。通常近海的台风预报难度更大，一旦形成，由于快速移动，2~3天就可能对陆地区域造成影响。远海台风预报，则可通过路径预测，提前5天左右预报台风的情况。

2 台风对火箭测试发射的影响

处于一定纬度范围的滨海发射场，均有可能受到台风或飓风的影响。文昌航天发射场是我国首个滨海发射场，其建设之初就考虑了台风对发射场的影响（事实上，台风影响是当时发射场选址考虑的重要因素之一，文昌发射场滨海且台风频率相对较少）；美国的卡纳维拉尔角发射场，同样会受到飓风的影响。

考虑到台风或飓风的影响，发射场建设和运载火箭测发模式设计时，均需考虑台风因素，如发射场大型建筑在封闭状态应该具备一定的抗风能力，如垂直总装厂房的大门、发射区勤务塔合拢状态，其抗风能力需加强，具备一定的抗台风的能力。同时，由于发射区缺乏如同技术区垂直总装厂房一样的封闭环境，因此运载火箭在发射区无法抵御台风，即使具有回转平台的勤务塔，由于回转平台回转机动结构限制，也无法在台风中确保火箭安全。因此，台风过程中，火箭无法在发射区测试。

考虑到从台风生成，至影响发射场区的时间，就要求运载火箭在发射区的占位时间尽量短，且具备随时返回技术区的能力。以我国文昌航天发射场为例，其基本要求是运载火箭的测发模式设计时，火箭在发射区的停留时间要小于7天，最好小于5天（近海发生台风可能在5天，甚至更短，在3天内就对场区造成影响）。这也是发射场建设一期，CZ-5和CZ-7火箭选择"新三垂"测发模式的重要原因之一。三垂测发模式时，火箭在发射区占位时间较短。

3 测试发射过程中应对台风策略

从发射场的建设和任务流程设计上，均考虑了台风的影响。技术区测试时，台风过境，由于担心台风对供电、供气等的影响，一般不进行测试，火箭处于技术区停放状态，台风影响过后，开展发射场恢复，并根据条件恢复测试工作。

若在发射区测试发射过程中遭遇台风影响，则必须视任务窗口制定相应的应对策略，基本考虑包括：

1) 第一个发射日瞄准当年窗口前沿

为充分利用当年窗口内发射机会，任务第一个发射日瞄准当年窗口前沿；为发射区遭遇台风返回技术区后重新组织发射，预留最长的后续窗口。这一因素对于有较长月计窗口的任务尤其重要。

2) 采取灵活的应对台风策略

第一次发射区流程正常实施，气象系统迭代进行台风预报，指挥部据此进行关键节点的决策。若应急返回技术区，则第二次发射区流程可依据第一次流程工作情况，优化第一次流程已覆盖的项目，缩减发射区流程。

若运载火箭已推至发射区，完成了电、气、液等的连接以及加注前所有准备工作，但还未进入推进剂加注程序，此时西太平洋或南海生成了影响发射场的台风，则需分析计算台风实际影响场区前是否有两个窗口，若有，才宜进入加注发射阶段。

若运载火箭已经加注，此时退出发射程序代价较大，因此，如果台风不影响第一个窗口，就继续程序，争取在台风到来之前发射，或尽量采取压缩程序，在尽量短的时间内将火箭发射出去。

3) 最短时间实施发射区逆流程

器箭组合体转运至发射区后，不同节点返回技术区的操作和时间消耗不尽相同。为实现最短时间返回技术区，考虑只进行断开气液电连接、氢箱氢气置换为氮气等必要工作，其余不影响返回技术区的工作，不在逆流程考虑。

4）进入加注发射程序不考虑台风影响

气象系统在进入发射区后迭代进行气象预报，指挥部据此进行关键节点的决策。气象系统已具备 48h 的台风预报能力，该能力覆盖加注发射流程以及推迟 24h 窗口流程。因此，进入加注发射程序后，不再考虑台风影响。

事实上，台风是一个大的天气模式，具体决策时，还是针对具体的台风对浅层风、高空风、降雨和雷暴等的影响，去判断具体气象指标是否满足最低发射条件要求。

4 实战案例

我国某次任务，工程总体给出当年任务窗口宽度为 A 天。针对 A 天窗口，制定应对台风策略。

（1）流程设计瞄准当年窗口前沿，可以推迟发射，在窗口后沿前寻找机会再次组织发射，如图 7-15 所示。

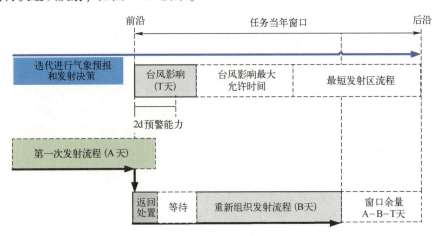

图 7-15　首次探火任务台风影响窗口前沿分析

（2）简化遭遇台风后逆流程，对火箭返回技术区，重进发射区程序进行简化，尽量在较短的时间内完成，已完成的测试数据仍在有效期内的测试项目不再重复开展。尽量在逆流程和重进流程中，压缩测试项目时间。

（3）充分考虑气象系统的预报能力。气象系统预报能力为西北太平洋台风 5 天、南海台风 2 天。基于此考虑，南海台风对发射场区影响可能性更大，极端情况下甚至可能出现 2 个台风先后影响发射场区的情况。

（4）根据逆流程执行能力和台风预报能力，重规划再次组织发射流程，确保在 A 天有效发射窗口时段内组织 2 次以上发射。

经过逆流程设计和重排，若发射区遭遇台风，则台风影响当年窗口前沿的情况最为复杂,必须应急返回技术区、再次重新组织发射;通过重进发射区流程重规划,重进发射区程序可最短缩减 2 天,最多导致发射日推迟 B 天,当年窗口内仍具备 2 次以上发射机会;对于重进发射区流程再次遭遇台风的极端情况,无论是在贮箱氢气置换前后遭遇台风,剩余窗口仍满足再次组织发射的要求,即具备第 3 次发射机会。

 参考文献

[1] GJB1804-93 运载火箭雷电防护.
[2] 朱永泉. 长征七号运载火箭雷电环境与发射条件分析 [R]. 航天科技集团一院, 2017.
[3] 张宗美. 航天故障手册 [M]. 北京: 宇航出版社, 1994.
[4] 江晓华, 党建涛, 汪正林, 等. 第九颗北斗导航卫星发射日强对流天气临近气象保障分析 [J]. 西昌学院学报, 2011, 9: 44-47.
[5] Jonathan H. Ward. Countdown to a Moon Launch: Preparing Apollo for Its Historic Journey [M]. Chichester: Springer, 2015.
[6] 钟文安, 张俊新. 航天测试发射原理 [M]. 北京: 国防工业出版社, 2020.
[7] 余梦伦. CZ-2E 高空风弹道修正 [J]. 导弹与航天运载技术, 2001, 1: 9-15.

第 8 章

综合实战案例

案例1：我国某型火箭任务射前应急处置

我国某型火箭的射前工作中相继遇到了多个技术问题，最终经过科学处置，任务取得成功。

1) 助推氧排气管波纹管裂纹

发射程序-10h，现场进行液氧加注工作。液氧大流量加注结束前，后端操作手发现Ⅰ、Ⅲ助推头锥内空气温度偏低，同时前端操作手发现Ⅰ助推头锥排水孔处、增压气瓶手开关处有少量白雾。大流量加注结束后使用手持氧浓度测试仪分别对4个助推氧排气口进行浓度监测时，发现Ⅰ助推头锥排水孔和增压气瓶手开关位置浓度均为29.9%（氧浓度测试仪的满量程），正常应为20.9%，初步判断Ⅰ、Ⅲ助推头锥内有氧气泄漏。

此时泄漏浓度已经达到浓度测试仪的满量程水平，说明泄漏浓度过大。现场决策暂缓进入液氢加注程序，以确保安全可控。

同时采取打开舱门查看的措施，进行状态确认。岗位人员进舱后，发现Ⅰ助推氧排气阀出口管路三通至箭壁之间的波纹管靠近箭壁部分上有一处裂纹，Ⅲ助推未发现明显漏点，泄漏位置示意如图8-1所示。

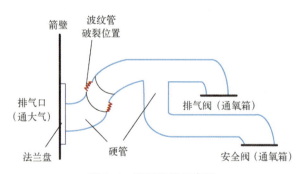

图8-1 泄漏位置示意图

经过分析，火箭助推的氧箱在加注后处于平稳停放状态，箱压会逐渐下降，因此泄漏量会逐渐减小；助推氧排气连接器已脱落，排气管路背压减小，流阻变小，泄漏量会逐渐减小；射前的液氧补加程序加注箱压低于大流量加注时箱压，泄漏流量不会增大；射前地面增压及飞行过程中箭上氧排气阀关闭，该排气管路也就不会有氧气排放。综合以上判断，系统工程师认为该处泄漏不会对发射和飞行造成影响。

因此，决策保持状态，不对泄漏处进行处置，在后续的程序中密切监视助推头锥的温度变化等情况。

这一故障的排查涉及人员进舱操作,同时暂停了加注工序,加注发射程序继续。

飞行过程中,对该处助推内的压力温度参数进行分析结果表明,相关参数变化与应急处置时分析结果一致,泄漏并未对后续工作和飞行造成影响。

2)芯一级发动机氢泵预冷异常

火箭芯一级使用我国 YF-77 氢氧发动机,是我国现役推力最大的氢氧发动机,如图 8-2 所示。

图 8-2　YF-77 发动机

为了避免发动机启动时发生气蚀,YF-77 发动机射前采用涡轮循环泵强迫循环预冷的方式,对发动机进行预冷。循环泵强迫预冷,就是使用泵压,强迫液体流动,达到加强预冷效果的目的。由于液氢黏滞度低,使用氦气引射的效果不佳,因此采用循环泵方式较好。循环泵可以采用电机驱动,或氦吹气动机驱动。循环泵预冷效果好,预冷时间短,可以在射前快速达到预冷的效果,如图 8-3 所示。

射前-2.5h 程序,动力系统开始对一级氢循环泵调试,对 YF-77 发动机氢泵进行预冷,进行增压下的循环泵调试,氢箱执行射前增压程序,循环泵启动正常,但发动机氢泵壳温度下降缓慢,未能满足发动机氢泵预冷好的条件。芯一级发动机氢泵壳温度是运载火箭发射的最低条件之一,必须满足要求,火箭才能发射。

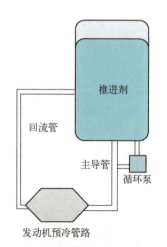

图 8-3 循环泵强迫预冷示意

异常现象出现后,一级动力系统按照系统预案进行了以下处置:

(1) 提高循环泵工况。逐步提高循环泵的转速,趋近工作的最大能力转速,从而期望增加预冷流量。但Ⅰ分机氢泵壳壁温仍然下降缓慢,该方法未达到效果。

(2) 进行增压状态的排放预冷。通过贮箱增压,同时沟通发动机的排放预冷路,进行液氢排放,通过排放流动的方式让发动机预冷。排放了 30min,内Ⅰ分机氢泵壳壁温没有明显下降,该方法未达到效果。

实施了 2 种应急处置方案后,故障仍未排除。现场决策,暂停热氢热氧排放和助推煤油填充等 2 项不可逆流程工作。但此时火箭助推器的液氧煤油发动机已经煤油抽真空好,系统不能长时间处于负压状态,因此紧急调派岗位人员到前端就位,进行氮气回填,使系统处于安全可控的状态。

同时,工程师团队深入分析了故障的机理。在安全控制方面,确认了发动机、增压输送系统各阀门动作正常、无多余物。根据提高泵工况,排放预冷均达不到效果的情况,初步判断可能是发动机某路吹除的压力过大,该处吹除的作用是起到气封隔离的作用,防止液氢从氢泵轴承腔泄漏,但是如果这一路气体的压力过大,可能会阻碍液氢进入泵腔,从而削弱预冷的效果。

于是,系统人员立即着手下调这一路吹除气体压力,同时通过摄像头观察氢涡轮排气口无低温氢气排出,系统安全受控。在这种状态下,发动机预冷温度最终满足了发射条件的要求。

芯一级发动机氢泵预冷异常故障排查,前后尝试了 3 种应急处置方案,系统通过深入分析,在排查的过程中高度重视安全状态的控制。

程序继续。

程序进行到射前-3min时，一级动力系统发现氢泵温度接近但不满足预冷好温度。发射指挥员决策暂停射前程序，全系统等待了1min17s后，氢泵预冷温度达标，程序重进-3min。

经过一系列的处置，最终在点火时，火箭芯一级发动机的预冷温度均满足点火条件要求。

这一处置，使得低温系统对吹除功能的认识进一步加深。如芯一级的氢泵腔吹除气体，设计用于密封氢泵，避免液氢外泄，导致安全性问题。因此，需要严格控制该路吹除压力，既保证氢隔绝，又要保证液氢循环预冷泄出路畅通。如果该路吹除压力过高，则造成气阻增大，"顶住"了循环预冷泄出路液氢，造成预冷路液氢循环不畅，预冷温度不满足要求。因此，这一路吹除压力，就是一个密封隔离和预冷效果综合选择的结果。

3）一级氧加连接器脱落异常

经过助推头锥氧气泄漏和芯一级发动机预冷问题处置，发射程序已经进入-3min程序，各项操作十分关键。且发射程序已经由于前两次故障的排查，推迟了两个多小时。

当程序进行到3min时，动力系统进行加排连接器脱落，一级氧加连接器第1次脱落时未正常脱落。

发射指挥员立即暂停进入-2min程序，动力系统判断一级氧加连接器未正常脱落的原因是连接器与箭体对接面活动部件结冰所致。按照系统预先制定的预案，根据氧加连接器结冰状态脱落试验的结果，明确可重复脱落5次。执行一级氧加连接器"重新脱落"程序，重试2次后一级氧加连接器脱落成功。

2次重试，导致发射程序进入-2min程序进一步推迟。

程序继续。

低温连接器即要保证可靠连接，且在低温状态下密封，又要在射前可靠脱落，不因为漏热而发生结冰难以脱落的情况，设计难度大。氢氧连接器在发射过程中出现难以脱落、卡滞的情况，在国内外航天发射过程中偶有发生。由于此次故障，火箭团队在任务后，对氧加连接器进行了防结冰的一系列改进，包括改进了箭体防水措施，改进了连接器的自动除霜布局等。

4）控制系统主控计算机断地面电源报错

发射程序继续，进行到控制系统转箭上供电时，主控计算机报错，显示"断地面电源失败"。

控制系统在箭上转电后，闭合箭上各供电线路与箭上电池间开关，通过箭上电池为箭上设备供电。主控查箭上各单机供电电平,确认电平正常后,断开地面供电母线。"断地面电源失败"即转电后断开地面供电母线失败。

此时距离点火时间仅90s,系统人员迅速上报测试发射阵地测发指挥员,请求推迟发射,随后发射倒计时暂停。

同时,系统人员迅速采用辅助参数判断,得到以下信息:

(1) 箭上各单机转电电平正常,证明箭上设备已转电;

(2) 发控台查地面电源断电正常,证明地面电源断电已完成;

(3) 主机报错,未收到地面电源断电信号。

综合判断,"断地面电源失败"仅为回传信号异常,箭地动作均已完成,控制系统主机操作手点击"重试"选项,进行转电重试,主机再次查询转电情况,重试通过,转电成功。

重试转电成功后,控制系统指挥员立即上报故障排除。测发指挥员下达发射倒计时程序继续。

程序继续后,控制系统判断开算时间不足,发控台未收到开算好信号。控制系统指挥员立即上报,请求再次推迟发射。测发指挥员立即下达倒计时暂停。控制系统在收到开算好信号,控制系统指挥员上报可以继续程序,测发指挥员下达倒计时程序继续口令。

系统人员在继续判断系统最低发射条件时,发现姿控系统射前初始姿态角未收到,立即上报。此时发控台操作手保持"允许点火"钥匙不转接通状态,控制系统指挥员上报。测发指挥员再次下达倒计时暂停。经等待,控制系统姿控制导人员判读姿控系统姿态角已收到,且满足最低发射条件要求,控制系统指挥员上报,可以继续程序,测发指挥员下达倒计时程序继续口令。发控台操作手接通"允许点火"钥匙,最终火箭点火起飞,任务取得成功。

此次处置,控制系统人员反应迅速、判读精准、上报及时,连续做出"-B1断电"异常判断、主机重试转电、"开算好"信号判断、姿态角初值判断、"允许点火"钥匙接通、点火等关键动作,按照预案迅速上报,准确操作;阵地测发指挥员沉着冷静,处置得当,掌握问题处置总时间,连续下达倒计时暂停及重置口令;倒计时操作手操作迅速精准,3次执行倒计时暂停,3次执行倒计时重置操作,点火时间共推迟了一分多钟。

射后故障归零时发现,此次射前控制系统所有问题的出现,都是源于地面电源断电后,反映断开的相应继电器触电没有断开,没有断开的原因是由于前期故障处置时间长,超过了平时测试时间,导致触电粘连所致。经验是加电时间是一个重要的测试覆盖项,尽量创造条件实现各种情况下的1∶1加电测试。

本次任务先后经历了多个故障和应急处置操作，特别是低温发动机循环预冷问题的长时间射前处置，以及进入-3min程序后动力系统连接器脱落和控制系统转电问题等。任务系统人员反应迅速，决策果断，临机处置精准，最终火箭成功发射。

案例2：SLS火箭首飞任务射前应急处置

美国SLS火箭是其"阿尔忒弥斯"计划的核心运载器，是美国继"土星"5号、航天飞机、"战神"5号后，持续研制的重型运载火箭。根据"阿尔忒弥斯"计划第一阶段任务安排，SLS首飞任务，即EM-1任务为无载人的环月任务。

NASA根据到达月球位置、全任务周期和运载火箭、"猎户座"飞船等技术限制因素，计算任务的发射窗口。从2022年的8月至2023年7月均有窗口，且每月窗口分为长任务窗口和短任务窗口，长任务窗口满足38~42天任务要求，短任务窗口满足26~28天任务要求。每个月均大约有半个月的窗口期，具体到其中有窗口的某一天，其窗口宽度从几分钟到2小时不等。

根据工程任务安排，完成前序火箭研制以及合练任务后，SLS火箭首飞的首个窗口期从8月23日开始至9月6日结束，NASA优选了其中具有120min的长窗口尝试发射，即首次尝试定在8月29日。

NASA瞄准美国当地时间8月29日8点33分窗口前沿点火发射，窗口宽度2h。8月29日的任务，射前出现一些问题，最终任务推迟。

射前-8h40min，卡角空军联队发布天气预报显示，当地8月29日8:33发射窗口前沿发射概率90%，天气良好；同时发射窗口后沿10:33发射概率60%，不利于推迟。

-8h40min经过天气预报，发射团队决策进入低温加注程序，开始芯级液氧和液氢的加注工作。在芯级液氧和液氢加注基本完成后，发射工作持续遭遇异常和问题：

（1）约-7h30min时（此时程序处于加注前内置保持时段），由于发射区5mile范围内雷电几率超过20%，加注预冷程序暂停。约-7h10min，加注程序继续，比原计划的程序晚了1h，按照程序约-8h15min应该开始液氧地面管路预冷；

（2）约-4h50min，芯级液氢快速连接断开装置液氢泄漏，此时液氢正在执行快速加注，加注量不足75%。此次泄漏最终被排除，加注继续；

（3）约-4h50min，超压警报，液氢加注暂停。液氢快速加注的时候贮箱超压，在SLS火箭合练过程中屡次出现，一般是暂停程序，转慢速加注解决；

此时经过雷电和液氢泄漏的影响，发射团队评估2h窗口可能已经保不住了，需要在-10min重新评估发射时间。

（4）约-2h50min，地面与箭上遥测数据确认时，"猎户座"飞船与地面通信出现问题，经过排查，发射继续；

（5）约-2h30min，芯级RS-25发动机预冷开始，3#机预冷温度不满足要求；

（6）约-2h，在芯级贮箱附近发现霜线，怀疑贮箱（或法兰）出现裂纹，核实后确认是外部输送管路的绝热泡沫上出现霜线，决策程序继续。

RS-25发动机预冷故障始终没有排除，射前程序停在-40min，最终发射取消。

8月29日的首次尝试加注发射取消后，NASA组织了问题排查和一些必要的恢复处置，决策9月3日再次加注发射。

9月3日的加注发射程序中仍然出现了一些问题：

（1）约-7h30min，液氧加注过程中超压预警，液氧加注暂停；

（2）约-7h40min，液氧加注短暂暂停，后恢复，原因是8月29日向氧库区补充了液氧，库区液氧液位较高，导致加注过程出现了一些问题；

（3）约-6h55min，芯级氢加连接器泄漏，尝试了3次故障排查，均未取得效果，最终约-2h30min发射取消。

SLS火箭首个窗口期的两次加注发射尝试均告取消，NASA决策择机在后续的发射窗口期再次开展加注发射工作。在首个窗口期的加注发射过程中，出现了许多应急处置的事项，其中RS-25发动机预冷故障和芯级液氢快速连接断开装置液氢泄漏分别导致了发射的取消，着重进行说明。

1）RS-25发动机预冷故障

8月29日发射程序中，SLS重型运载火箭芯级的3#RS-25发动机预冷温度一直达不到最低发射条件要求。理想情况下，要求4台发动机均降到-251℃，最低发射条件不能高于-245.5℃，但3#机始终比其他发动机高22℃左右，约为-229℃，无法进一步降低。

为避免气蚀，RS-25发动机启动前采用增压排放预冷方式对发动机氢系统进行预冷，即通过发动机需预冷的管路，将推进剂持续地向外排放，从而达到发动机预冷的目的。排放预冷会消耗一定的推进剂，因此需加以流量和时间控制。RS-25 发动机为了提高排放预冷的效果，采用对贮箱增压的方式，以增大排放流量，如图 8-4 所示。

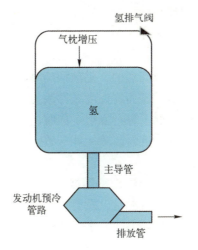

图 8-4　增压排放预冷示意图

29 日的发射程序中，发动机预冷不足，发射团队立即排查预冷排放的流量问题，怀疑是氢箱顶部排气阀出现故障泄漏。如果氢排气阀故障泄漏，则箱压增加不明显，预冷排放流量不足，则有可能导致预冷效果不明显。

但由于执行"清空场坪"理念，发射场坪上氢箱顶部不具备操作可达性。发射团队采用远控暂停其他 3 台发动机预冷的方式，以期望增加 3#发动机的排放流量，但最终收效甚微，3#发动机温度仍降不下来，发射程序在 T-40min 暂停，停止了超过 25min（程序设计停止时间不超过 10min），并最终取消了当日的发射。

发射当日原因没有查清。事后分析，SLS 的发射团队认为，除该传感器温度外，其余系统参数，包括箱压，发动机参数等均正常，认为是传感器故障，示数错误。

9 月 1 日，经过分析发动机的其他关联数据，SLS 火箭团队认为是预冷的传感器示数出错，发动机各主要部件，包括涡轮泵等 5 处参数均正常。

事实上，按照美国空军的气象预报，发射日当日窗口前沿（20:33）天气放行概率 90%，但窗口后沿（22:33）的天气放行概率只有 60%。事实上，在当日的加注发射过程中，随着故障排查处置工作的开展，时间的推迟，发射窗口的后续时段雷电条件已经不满足发射要求。因此即使当日故障在发射窗口时间内完成排查，当日的发射尝试也将由于天气无法放行而取消。

但是该传感器拆除更换难度较大,因此发射团队准备在第二次尝试发射时采取以下补救措施:

(1) 将 RS-25 预冷时间提前 30~45min;

(2) 考虑绕过最终倒计时程序中 4 台发动机的预冷温度限制,以预冷时间作为条件。

严格来说,这些措施是有问题的,提前预冷时间是出于增加预冷故障排查时间的考虑,但无法更换传感器而将温度条件改为时间条件显然并不严谨,是要在无法确知预冷温度的情况下进行发射。同时,如此重要的最低发射条件参数,仅设置一个传感器,该传感器故障就能导致火箭无法点火,系统设计的冗余度也让人怀疑。

根据发射团队的信息显示,该传感器温度是 SLS 火箭射前-10min 最终倒计时程序的重要参数,如果参数异常,发射点火指令是无法发出的。第二次尝试中则修改了这个程序,使得该参数异常,通过其他参数佐证,程序仍可跳过参数异常而继续。

从本次任务的应急处置还可以看出,由于采用"清空发射场坪"策略,许多操作在发射区射前无法执行,即使射前应急处置,由于只有活动发射平台上的脐带塔可用,操作可达的位置也是有限的,仅安排载人飞船(MPCV)乘组通道、芯级前裙、临时上面级和活动发射平台上表面的操作等 4 类操作可达。

NASA 开展的 SLS 火箭发射可靠性建模分析表明,由于 SLS 火箭不像航天飞机设置了固定勤务塔,大量的射前操作不可达,导致发射可靠性整体从 92% 下降至 90.7%。

无人值守技术对于测试人员安全性和测试自动化提升较大。由于发射区设备设施减少,发射场坪上表面简洁,因此维护费用少,建设投入少,且具有一定的通用性。只要活动发射平台装置可以布置到导流槽上,且发射排焰要求允许,就可以发射。SLC-39A 就是一个比较好的例子,可以用于航天飞机、"猎鹰"9、"猎鹰"重型的发射。

但无人值守在正常流程中带来好处,同时也在应急处置过程中带来一些不利,由于操作不可达,因此许多应急处置无法开展,只能进行远控操作。

2) 芯级液氢加注快速断开装置泄漏

SLS 火箭芯级在活动发射平台上表面设置尾部服务舱(Tail Service Mastumbilicals, TSM),用于在发射前的推进剂操作处理。点火时会向后倾斜,确保安全可靠地断开与箭上的连接。尾端服务舱有两个,一个是芯一级的氢加排连接器,如图 8-5 所示。另一个是氧加排连接器。

图 8-5　TSM 尾部服务舱与氢快速断开装置

8月29日首次尝试加注发射过程中，液氢加注后，现场氢浓度传感器发现尾部服务舱液氢快速断开连接器液氢泄漏，尾端服务舱一个传感器氢气浓度上升，为1.8%，安全限值为4%。经过处置，泄漏消失，程序继续。

在8月29日出现泄漏后，发射团队复核了部件的特性，确认该系统在低温状态下会自行密封。于是采取调整液氢的流速，降低流速甚至短时间中断加注，让连接器管路有时间复温，复温大概30min，然后再小流量加注，让管路逐步降温，触发自行密封，最终消除了泄漏。

但8月29日的发射最终由于RS-25发动机预冷故障取消后，39号发射场的发射团队对该线路相关的一系列管路阀门进行了再次拧紧。

此次应急处置，发射团队通过将快速断开系统的温度恢复，再次降温，利用系统设计的原理，即降温时会自动密封，来使系统密封，从而消除了泄漏，程序继续。

事后的信息显示，8月29日，氢泄漏的部分并不是连接器8英寸主管路，而是4英寸的小口径的管线出现了少量的泄漏，即氢排管路泄漏。

SLS火箭经过处置和状态恢复，于9月3日再次尝试加注发射。在9月3日再次尝试加注发射过程中，尾部服务舱液氢加排快速断开连接器再次泄漏，现场排查定位与8月29日泄漏位置不同，经过长时间处置，泄漏仍然存在，且超过安全限制，即4%的氢气浓度。最终发射取消。

最初泄漏时液氢只是转了小流量，随后由于发射团队在发动机腔检测到了氢泄漏，考虑到安全因素，现场停止了液氢加注。

第一轮应急处置，在9月3日再次出现泄漏后，发射团队仍采用复温再小流量降温的方式处置，企图让装置通过复温，自动密封，但泄漏并未消失。操作程序为先停止液氢加注，然后等待约30min，让连接器管路复温，再小流量加注液氢。

第二轮应急处置，发射团队采用从地面氦气加压的方式迫使密封配件复位，从而控制连接器管路液氢泄漏，但泄漏仍然存在。

第三轮应急处置，程序进行到$-5h$，按正常流程，此时液氢基本已经加注完成，但由于连接器泄漏，一直以小流量加注，此时真实加注量只有约10%。发射团队再次尝试停止加注，让连接器管路复温30min，然后小流量加注，处置无效，最终第二次尝试加注发射取消。

后来通过拆卸连接器密封件，发现密封件有两处小缺口。发射团队发出错误的指令，使得连接器压力异常增大，超过了额定的工作压力，可能是导致密封件出现缺口的主要原因。

泄漏是通过尾端服务舱的氢气水平检测传感器检测的，安全阈值为4%，8月29日检测值在1.8%稍有上升，就进行了排故。9月3日的泄漏值超过了4%，是可能发生爆炸的。

对于低温液体运载火箭，应高度重视发射前测试项目的覆盖性。2022年4月至6月的SLS火箭合练过程中，SLS发射团队有机会测试到RS-25发动机的冷却系统，但在SLS火箭的合练测试过程中，发射团队设计的测试状态绕过了这一路排放管路。

早在6月合练过程的发射演练中，发动机的氢排管路发生过泄漏。当时，技术人员修复了泄漏，但却没有发现传感器的故障。当时的实验方案也没有完全覆盖液氢预冷全系统、全过程，验证不够全面，使得该段管路直到首次真实加注发射程序中才验证到。

最终预冷路的问题造成了首次尝试发射取消，且受窗口影响，没有足够的时间更换传感器。一方面尽量设计测试项目或试验，考核系统真实状态的技术指标；另一方面，则应针对测试覆盖性差的指标制定充分的预案，以应对各种可能出现的异常情况。

液氢泄漏问题一直是NASA重大航天工程中始终遇到的难题，持续了数十年。早在1969年，"阿波罗"11号飞船发射前2.5h，"土星"5号火箭的液氢连接装置（阀门）发生泄漏，发射几乎要暂停。结果是工作人员通过往连接阀门上浇水，液氢经过时让水结冰把阀门给冻住的方式解决了泄漏，阿姆斯特朗才顺利登上了月球。后来的航天飞机试飞时，也是出现了类似的液氢泄漏，ULA当家的"德尔它"4型火箭也数次因液氢泄漏推迟。1990年，航天飞机的一次液氢泄漏，故障分析和排查整整花了6个月。

SLS火箭首个窗口期的两次加注发射尝试均最终取消发射并告推迟，说明

NASA 在大规模低温推进剂使用的运载火箭射前应急处置方面，尚存在射前关键参数佐证不足等问题。除此之外，站在准时发射实战策略的角度，在射前时间如此紧张且宝贵的情况下，思路清晰、原则明确是至关重要的。例如在 SLS 火箭的此次射前处置过程中，发现发动机预冷温度的问题，首先应该排除的就是传感器，即首先应该怀疑"是不是真的温度问题"。如果传感器问题，甚至网络问题、链路问题，而真实的物理系统并没有问题，处置起来难度就会大幅降低。而 SLS 发射团队现场发现预冷温度问题，就开始企图采取一些手段，如适当增压、暂时停掉其他分机的预冷等，这些操作在"传感器问题"的前提下，无法起到实质作用，因为参数"看起来"仍然不满足条件。这些操作又相当耗费时间，导致宝贵的窗口被大量消耗，最终怀疑到传感器有问题的时候，处置时间不足，只得推迟发射。

第 8 章 综合实战案例